中国气候变化蓝皮书（2025）

Blue Book on Climate Change in China (2025)

中国气象局气候变化中心　编著

科　学　出　版　社
北　京

内 容 简 介

为深入认识气候变化的科学事实，全面反映中国在气候变化监测评估、基础科学研究和关键技术研发等方面的新成果、新进展，中国气象局气候变化中心组织70余位相关领域专家编写了《中国气候变化蓝皮书(2025)》。本书内容分为五章，涵盖大气圈、水圈、冰冻圈、生物圈和气候变化驱动因子，翔实展现了中国和全球气候变化的新事实、新趋势，为积极践行习近平生态文明思想、推进美丽中国建设、强化防灾减灾与应对气候变化提供坚实科技支撑。

本书可为各级政府制定气候变化政策、完善适应与减缓措施、提升防灾减灾能力、支撑"双碳"目标和绿色低碳可持续发展提供权威数据和科学决策依据，适合气象、资源环境、农业、林业、水利、能源、经济和外交等领域的科研和教学人员阅读，也可供对气候与生态环境变化感兴趣的社会各界读者参考使用。

审图号：GS京（2025）0715号

图书在版编目（CIP）数据

中国气候变化蓝皮书. 2025 / 中国气象局气候变化中心编著. -- 北京：科学出版社，2025.7. -- ISBN 978-7-03-082482-0

Ⅰ. P467

中国国家版本馆CIP数据核字第2025TL8856号

责任编辑：杨逢渤　李嘉佳 / 责任校对：樊雅琼

责任印制：徐晓晨 / 封面设计：无极书装

科学出版社 出版

北京东黄城根北街16号
邮政编码：100717
http://www.sciencep.com

北京汇瑞嘉合文化发展有限公司印刷
科学出版社发行　各地新华书店经销

*

2025年7月第 一 版　　开本：787×1092　1/16
2025年7月第一次印刷　　印张：8
字数：200 000

定价：128.00元
（如有印装质量问题，我社负责调换）

序

2015～2024年是全球有观测记录以来最暖的十年，2024年是有观测记录以来最暖的一年。极端天气气候事件频发、多发、重发，全球变暖已越来越深刻影响安全与可持续发展。2024年中国地表平均气温再次创下历史新高，包括我国在内的全球多地都遭受了气候变化和极端事件的冲击，对社会经济和人民生命财产安全造成极大影响。2024年9月，超强台风"摩羯"登陆海南，是有气象记录以来秋季登陆我国的最强台风，造成直接经济损失近800亿元。气候变化影响的聚集、连锁、放大效应愈加凸显，我们面临的气候变化风险挑战愈发严峻。

2024年6月，习近平总书记在全国科技大会上强调，要深度参与全球科技治理，共同应对气候变化、粮食安全、能源安全等全球性挑战。在当前全球加速变暖的大背景下，面对极端事件多发、强发的新形势和不断加剧的气候风险挑战，中国气象局全面贯彻落实习近平总书记关于气象工作的重要指示和关于应对气候变化的重要论述精神，立足科技型、基础性、先导性社会公益事业定位，围绕国家应对气候变化战略，以经济社会高质量发展重大需求为牵引，深入开展气候变化监测、检测、影响与风险评估、预估等基础科学研究和关键技术攻关。加快构建气候变化研究型业务体系，加强气候变化数据库建设，健全气候变化科技成果发布制度，为科学认识与把握气候变化规律、有效降低气候风险，提供高质量科学数据与产品服务。持续深化国际合作，积极参与和引领全球气候治理，在2024年11月召开的联合国气候变化框架公约第29次缔约方大会上，推动发布《早期预警促进气候变化适应中国行动方案（2025—2027）》，进一步提升我国防灾减灾和应对气候变化国际影响力。

中国气象局气候变化中心自2011年起连续发布《中国气候变化蓝皮书》系列年度报告，从大气圈、水圈、冰冻圈和生物圈等方面，以翔实的科学监测数据，系统反映全球和中国气候变化的新事实、新趋势。15年来，《中国气候变化蓝皮书》系列年度报告得到高层决策者、业内专家和社会公众的广泛关注，为国家和区域气候变化科学评估、应对战略与适应行动等持续提供了坚实有力的基础数据与信息支撑。《中国气候变化蓝皮书（2025）》编制工作也得到了自然资源部、水利部、中国科学院等部门在观测资料和基础数据等方面的大力支持和帮助，在此一并致谢！

面对应对气候变化新形势、新需求，中国气象局将以加快推进气象科技能力现代化和社会服务现代化为抓手，协同社会各界加强应对气候变化关键领域科技创新，进一步提升应对气候变化科技支撑水平和服务国家战略决策与政策行动效能。持续做好早期预警工作，助力气候适应型社会韧性建设与高质量发展，为积极稳妥推进碳达峰碳中和、推动构建人类命运共同体作出更大贡献！

中国气象局党组书记、局长

2025 年 5 月 23 日

目　　录

序
摘要 ··· 1
Summary ··· 6
第 1 章　大气圈 ··· 13
  1.1　全球和亚洲 ··· 13
      1.1.1　全球地表平均温度 ·· 13
      1.1.2　亚洲区域平均气温 ·· 14
  1.2　中国气候要素 ·· 15
      1.2.1　地表气温 ··· 15
      1.2.2　高空气温 ··· 23
      1.2.3　降水 ·· 24
      1.2.4　其他要素 ··· 32
  1.3　中国极端天气气候事件 ·· 35
      1.3.1　极端气温 ··· 35
      1.3.2　极端降水 ··· 38
      1.3.3　区域性气象干旱 ·· 38
      1.3.4　台风 ·· 39
      1.3.5　沙尘与酸雨 ·· 41
      1.3.6　中国气候风险指数 ·· 44
  1.4　大气环流 ··· 44
      1.4.1　东亚季风 ··· 44
      1.4.2　南亚季风 ··· 46
      1.4.3　西北太平洋副热带高压 ··· 46
      1.4.4　北极涛动 ··· 48

第2章 水圈 ····· 49

2.1 海洋 ····· 49
- 2.1.1 海表温度 ····· 49
- 2.1.2 海洋热含量 ····· 54
- 2.1.3 海洋盐度 ····· 56
- 2.1.4 海平面 ····· 57

2.2 陆地水 ····· 59
- 2.2.1 地表水资源量 ····· 59
- 2.2.2 湖泊面积与水位 ····· 61
- 2.2.3 地下水水位 ····· 65

第3章 冰冻圈 ····· 68

3.1 陆地冰冻圈 ····· 68
- 3.1.1 冰川 ····· 68
- 3.1.2 冻土 ····· 74
- 3.1.3 积雪 ····· 76

3.2 海洋冰冻圈 ····· 78
- 3.2.1 北极海冰 ····· 78
- 3.2.2 南极海冰 ····· 79
- 3.2.3 渤海海冰 ····· 80

第4章 生物圈 ····· 82

4.1 陆地生物圈 ····· 82
- 4.1.1 地表温度 ····· 82
- 4.1.2 土壤湿度 ····· 84
- 4.1.3 陆地植被 ····· 84
- 4.1.4 区域生态气候 ····· 89

4.2 海洋生物圈 ····· 92
- 4.2.1 珊瑚礁生态系统 ····· 92
- 4.2.2 红树林生态系统 ····· 93

第5章 气候变化驱动因子 ····· 95

5.1 太阳活动与太阳辐射 ····· 95
- 5.1.1 太阳黑子 ····· 95
- 5.1.2 太阳辐射 ····· 96

目 录

5.2 火山活动 ··· 98
5.3 大气成分 ··· 101
  5.3.1 温室气体 ·· 101
  5.3.2 臭氧 ·· 105
  5.3.3 气溶胶 ·· 108

数据来源 ··· 111
报告编写组和贡献单位 ·· 112
参考文献 ··· 114
术语表 ·· 119

摘　　要

　　气候系统综合观测和多项关键指标分析表明，全球气候变暖趋势在持续。2024年，全球地表平均温度较工业化前水平高1.50℃，是自1850年有气象观测记录以来的最暖年；最近10年（2015～2024年）是有观测记录以来最暖的十年，全球地表平均温度较工业化前水平高1.23℃。2024年，亚洲区域平均气温比常年值（本报告使用1991～2020年气候基准期）偏高1.04℃，与2020年并列为1901年以来的最高值。

　　1901～2024年，中国地表年平均气温呈显著上升趋势；1961～2024年，年平均气温上升速率为0.31℃/10a。2024年，中国地表平均气温较常年值偏高1.07℃，为1901年以来的最暖年份。2015～2024年，中国地表平均气温较常年值偏高0.63℃，较1961～1990年平均值高出1.54℃。1961～2024年，中国各区域年平均气温呈一致性的上升趋势，北方地区升温速率明显大于南方地区、西部地区大于东部地区；青藏地区升温速率最大，平均每10年升高0.36℃；华南和西南地区升温速率相对较缓，平均每10年分别升高0.21℃和0.19℃。1961～2024年，中国高空对流层气温呈显著上升趋势，而平流层下层（100 hPa）气温表现为下降趋势；2024年，中国高空对流层低层（850 hPa）和上层（300 hPa）平均气温均为1961年以来的最高值。

　　1961～2024年，中国平均年降水量呈增加趋势，平均每10年增加6.0 mm，且年代际变化特征明显；20世纪90年代中国平均年降水量以偏多为主，21世纪最初十年总体偏少，2012年以来以偏多为主。1961～2024年，中国各区域平均年降水量变化趋势差异明显，青藏地区平均年降水量呈显著增多趋势，西南地区平均年降水量呈减少趋势；21世纪初以来，华北、东北和西北地区平均年降水量呈波动上升趋势，华中地区平均年降水量年际波动幅度增大。2024年，中国平均降水量较常年值偏多10.2%，为1961年以来第三多；中国累计暴雨站日数为1961年以来最多。

　　1961～2024年，中国平均相对湿度阶段性变化特征明显；20世纪60年代中期至80年代后期相对湿度偏低，1989～2003年以偏高为主，2004～2014年总体偏低，2015年以来波动回升。1961～2024年，中国平均风速和日照时数均呈下降趋势；2015年以来平均风速出现小幅回升。1961～2024年，中国平均≥10℃的年活动积温呈显著增加趋势；

2024 年，≥10℃活动积温为 1961 年以来的最高值。

1961~2024 年，中国极端低温事件显著减少，极端高温事件自 21 世纪初以来明显增多，极端强降水事件也呈增多趋势。2024 年，中国平均暖昼日数为 1961 年以来第三多，而平均冷夜日数为 1961 年以来最少。

1949~2024 年，西北太平洋和南海台风生成个数呈减少趋势；20 世纪 90 年代后期以来登陆中国台风的平均强度波动增强。2024 年，西北太平洋和南海台风生成个数为 26 个，其中 9 个登陆中国，登陆中国的台风平均强度较常年值偏强；秋季台风活跃且极端性强，季内共有 6 个台风登陆，其中"摩羯"为 1949 年以来登陆中国的最强秋季台风。1961~2024 年，北方地区平均沙尘日数呈显著减少趋势，2017 年达最低值后近年来略有回升。

1961~2024 年，中国气候风险指数呈升高趋势，20 世纪 90 年代中期以来气候风险指数明显偏高。2024 年，中国气候风险指数为 1961 年以来最高值；雨涝风险指数为 1961 年以来最高值，高温风险指数为 1961 年以来的第二高值。

1961~2024 年，东亚冬季风表现出显著的年代际变化特征，20 世纪 80 年代中期以前，东亚冬季风主要表现为偏强特征，而 1987~2004 年东亚冬季风明显偏弱，2005 年以来呈波动性增强。东亚夏季风强度总体上呈减弱趋势，并表现出"强—弱—强"的年代际波动特征。2024 年，东亚冬季风强度接近常年、夏季风强度偏强，南亚夏季风强度偏强；夏季西北太平洋副热带高压面积偏大、强度显著偏强、西伸脊点位置偏西，其中面积指数和强度指数为 1961 年以来同期最高值，西伸脊点指数为 1961 年以来同期最低值。

1870~2024 年，全球平均海表温度呈显著升高趋势，并伴随年代际波动。21 世纪初以来全球平均海表温度以偏高为主；2024 年，全球平均海表温度较常年值偏高 0.39℃，为 1870 年以来的最高值。1951~2024 年，赤道中东太平洋共发生了 22 次厄尔尼诺和 17 次拉尼娜事件；2023 年 5 月开始的中等强度厄尔尼诺事件持续至 2024 年 4 月，随后赤道中东太平洋海表温度缓慢下降，并于 2024 年 12 月进入拉尼娜状态。

1958~2024 年，全球海洋（上层 2000 m）热含量呈显著增加趋势，且海洋变暖在 20 世纪 90 年代以来显著加速。2024 年，全球海洋热含量再创新高，较常年值偏高 $22×10^{22}$J；印度洋、热带大西洋及地中海、南大洋海域的热含量均创历史新高。

气候变暖背景下，全球平均海平面呈持续上升趋势，1993~2024 年的上升速率为 3.5 mm/a；2024 年，全球平均海平面为有卫星观测记录以来的最高。中国沿海海平面变化总体呈加速上升趋势，1980~2024 年，海平面上升速率为 3.5 mm/a；1993~2024 年，海平面上升速率为 4.0 mm/a。2024 年，中国沿海海平面较 1993~2011 年平均值高 96 mm，比2023年高24 mm，为1980年以来最高位。

1961~2024年，中国地表水资源量年代际变化明显。20世纪90年代以偏多为主，2003~2014年总体偏少，2015年以来地表水资源量以偏多为主。2024年，中国地表水资源量较常年值偏多6.0%；辽河和西北诸河流域较常年值分别偏多38.5%和24.0%，均为1961年以来第二多；海河、淮河、松花江和珠江流域分别偏多23.7%、17.9%、16.1%和14.5%；西南诸河流域较常年值偏少6.7%。1961~2004年，青海湖水位呈显著下降趋势；但2005年以来，青海湖水位连续20年回升；2024年，青海湖水位达到3196.84 m，为1961年有观测记录以来的最高水位。2005~2024年，河西走廊西部的敦煌和月牙泉地下水水位先下降后平稳上升，而武威东部荒漠区地下水水位呈下降趋势；2024年，敦煌和月牙泉地下水水位为2005年以来最高。

1960~2024年，全球冰川整体处于消融退缩状态，且1985年以来冰川消融加速。2024年，全球参照冰川处于高物质亏损状态，平均物质平衡量为–1298 mm w.e.，为有观测记录以来的最低值。中国天山乌鲁木齐河源1号冰川、阿尔泰山地区木斯岛冰川、祁连山区老虎沟12号冰川与摆浪河21号冰川、长江源区唐古拉山小冬克玛底冰川和横断山区白水河1号冰川均呈加速消融趋势，2024年冰川物质平衡量分别为–1815 mm w.e.、–1294 mm w.e.、–1030 mm w.e.、–594 mm w.e.、–1421 mm w.e.和–1478 mm w.e.，其中乌鲁木齐河源1号冰川、老虎沟12号冰川和小冬克玛底冰川均为有连续物质平衡观测记录以来的最低值。2024年，乌鲁木齐河源1号冰川东、西支末端分别退缩了11.4 m和8.5 m，木斯岛冰川末端退缩16.4 m，老虎沟12号冰川和摆浪河21号冰川末端分别退缩27.5 m和12.8 m，大、小冬克玛底冰川末端分别退缩15.9 m和4.9 m，白水河1号冰川末端退缩7.8 m，其中大冬克玛底冰川末端退缩距离为有观测记录以来的最大值。

1981~2024年，青藏公路沿线多年冻土呈现明显退化趋势；多年冻土区活动层厚度呈显著的增加趋势，平均每10年增厚20.8 cm；2024年，平均活动层厚度为270.8 cm，是有观测记录以来的最高值。1961~2024年，东北地区平均季节冻土最大冻结深度呈减小趋势，平均每10年减小5.2 cm；2024年，季节冻土最大冻结深度较常年值偏小14.9 cm，为1961年以来的最低值。

2002~2024年，中国主要积雪区平均积雪覆盖率年际波动明显；新疆积雪区和青藏高原积雪区平均积雪覆盖率均呈下降趋势，东北–内蒙古积雪区平均积雪覆盖率线性变化趋势不明显。2024年，青藏高原积雪区积雪覆盖率为2002年以来的最低值，新疆积雪区为2002年以来的第三低值；东北–内蒙古积雪区积雪覆盖率略高于2002~2020年平均值。

1979～2024年，北极海冰范围呈显著减小趋势，3月和9月海冰范围平均每10年分别减少2.5%和13.9%；2024年，3月和9月北极海冰范围较常年值分别偏小1.0%和21.6%，其中9月海冰范围为有卫星观测记录以来的同期第六小值。1979～2015年，南极海冰范围波动上升，但2016年以来海冰范围总体以偏小为主；2024年，9月和2月南极海冰范围较常年值分别偏小13.8%和30.7%，均为有卫星观测记录以来的同期第二小值。2023/2024年冬季，渤海全海域最大海冰面积较常年值偏小18.0%。

1961～2024年，中国年平均地表温度（0 cm）呈显著上升趋势，升温速率为0.35℃/10a；2024年，中国平均地表温度较常年值偏高1.20℃，为1961年以来的最高值。1993～2024年，中国不同深度（10 cm、20 cm和50 cm）年平均土壤相对湿度总体均呈增加趋势；2024年，10 cm、20 cm和50 cm深度平均土壤相对湿度分别为66%、70%和73%。

2000～2024年，中国年平均归一化植被指数（Normalized Difference Vegetation Index，NDVI）呈显著上升趋势，全国的植被覆盖呈现持续变绿趋势；2024年，中国平均NDVI为0.358，较2011～2020年平均值增长4.8%，较2001～2020年平均值增长8.2%。1963～2024年，中国不同地区代表性植物春季物候期均呈显著提前趋势，北京站的玉兰、沈阳站的刺槐、合肥站的垂柳、桂林站的枫香树和西安站的色木槭展叶期始期平均每10年分别提前3.4天、1.4天、2.2天、2.6天和2.9天；落叶期始期年际波动大，2024年北京站的玉兰落叶期始期为有观测以来最早。2007～2024年，寿县国家气候观象台农田生态系统表现为二氧化碳（CO_2）净吸收；2024年，二氧化碳通量为–2.21 kg/（m^2·a），净吸收较2011～2020年平均值偏少0.35 kg/（m^2·a）。2005～2024年，西北地区石羊河流域荒漠面积呈减小趋势；2000～2024年，西南岩溶区秋季植被指数呈显著增加趋势，区域生态状况稳步向好。

20世纪50年代以来，中国南海海域活造礁石珊瑚覆盖率呈下降趋势；2024年夏季，南沙、西沙、三亚和大湾区海域发生珊瑚热白化事件。1973～2024年，中国沿海红树林面积总体呈先减少后增加的趋势；2024年中国红树林面积为257 km^2，基本恢复至1980年水平。

2024年，太阳活动进入1755年以来的第25个活动周的峰年阶段，太阳黑子相对数年平均值为154.7±52.2，高于第24个活动周最高水平（2014年太阳黑子相对数113.3±38.2）。1961～2024年，中国陆地表面平均接收到的年总辐射量趋于减少；2024年，中国平均年总辐射量为1511.8（kW·h）/m^2，较常年值偏低7.2（kW·h）/m^2。

1990～2023年，中国青海瓦里关全球大气本底站观测记录表明，大气二氧化碳浓度逐年上升；2023年，该站大气二氧化碳、甲烷（CH_4）和氧化亚氮（N_2O）的年平均浓度分别达到（421.4±0.1）ppm[①]、（1986±0.6）ppb[②]和（337.3±0.1）ppb，与北半球平均浓度大体相当，均略高于全球平均值。2004～2024 年，中国气溶胶光学厚度总体呈下降趋势，且阶段性变化特征明显。2004～2014 年，北京上甸子、浙江临安和黑龙江龙凤山区域大气本底站气溶胶光学厚度年平均值波动增加；之后，均呈波动降低趋势。2024 年，北京上甸子、浙江临安和黑龙江龙凤山区域大气本底站气溶胶光学厚度平均值较 2023 年均略有降低，其中上甸子站和临安站均为有观测记录以来的最低值。

[①] ppm，干空气中每百万（10^6）个气体分子中所含的该种气体分子数。
[②] ppb，干空气中每十亿（10^9）个气体分子中所含的该种气体分子数。

Summary

The integrated observations and key indicators of the climate system show that global warming is ongoing. In 2024, the global mean surface temperature was 1.50℃ higher relative to the 1850–1900 pre-industrial level, marking the warmest year since meteorological observation records began in 1850. The most recent decade (2015–2024) also stands as the warmest ten-year period in observational records, with the global mean surface temperature 1.23℃ higher than the pre-industrial level. In Asia, the surface air temperature in 2024 was 1.04℃ above the normal (1991–2020 is taken as the climate reference period in this report), tying with 2020 for the highest since 1901.

From 1901 to 2024, the annual mean surface air temperature in China exhibited a significant upward trend. Between 1961 and 2024, the rate of temperature increase was 0.31℃ per decade. The 2024 mean surface air temperature in China was 1.07℃ higher than normal, marking the warmest year since 1901. During 2015 to 2024, the mean surface air temperature in China was 0.63℃ higher than normal, or 1.54℃ above the 1961–1990 average. Across China, all regions showed a consistent upward temperature trend between 1961 and 2024. The warming rate was significantly higher in the northern region compared to the southern region, and higher in the western region compared to the eastern region in China. The Qinghai-Xizang region has exhibited the highest warming rate of 0.36℃ per decade. Comparatively, South China and Southwest China have experienced slower warming rates, with increases of 0.21℃ and 0.19℃ per decade respectively. During the period of 1961–2024, tropospheric temperatures above China showed a significant rising trend, while lower stratospheric (100 hPa) temperatures declined. In 2024, both the lower (850 hPa) and upper (300 hPa) troposphere temperatures above China recorded their highest values since 1961.

From 1961 to 2024, the average annual precipitation in China showed an upward trend, increasing by 6.0 mm per decade, with distinct inter-decadal variations. The 1990s was wetter, whereas the first decade of the 21st century was drier, and from 2012 onwards, the average annual precipitation has predominantly been more than normal. Across China, the trend in annual precipitation differed significantly by region from 1961 to 2024. The Qinghai-Xizang region experienced significant increases in precipitation, while Southwest China saw decreasing trends. Since the early 21st century, precipitation in North, Northeast, and Northwest China has generally increased, while Central China saw larger interannual fluctuations. In 2024, the annual average precipitation across China exceeded normal by 10.2%, ranking as the third wettest year since 1961, with the highest number of heavy rainfall days ever recorded during the period of 1961–2024.

Between 1961 and 2024, the average relative humidity in China exhibited distinct periodic fluctuations, which showed lower values from the mid-1960s to the late 1980s, higher values during 1989–2003, generally lower values in 2004–2014, and an upward trend with fluctuations since 2015. Over the same period, the average wind speed and sunshine duration in China demonstrated a declining trend; however, since 2015, the average wind speed has shown a slight recovery. The annual active accumulated temperature for $\geqslant 10\,°C$ in China increased significantly from 1961 to 2024, with the highest value observed in 2024 since the records began.

From 1961 to 2024, extreme low-temperature events declined significantly across China, while extreme high-temperature events have increased markedly since the early 21st century. Additionally, extreme heavy precipitation events have shown an increasing trend. In 2024, the average number of warm days in China was the third highest since 1961, while the average number of cold nights was the fewest over the same period.

Between 1949 and 2024, the number of typhoons generated in the Northwest Pacific and the South China Sea exhibited a general decreasing trend. However, since the late 1990s, the average intensity of typhoons making landfall in China has intensified in a fluctuating pattern. In 2024, 26 typhoons were generated in the Northwest Pacific and the South China Sea, nine of which made landfall in China, with their average intensity being stronger than the normal. During the autumn of 2024, typhoon activity was unusually intense, with six typhoons making landfall, including Typhoon Yagi, the strongest autumn typhoon to make landfall in China since 1949. From 1961 to 2024, the average number of sand-dust days in the northern part of China exhibited an obvious decreasing trend, reaching a record low in 2017. However, slight reversals in this trend have been observed in recent years.

In addition, the climate risk index in China has been on the rise from 1961 to 2024, with a marked increase since the mid-1990s. In 2024, the climate risk index reached its highest level since 1961, with the flood risk index at its highest and the heat risk index ranking as the second highest since 1961.

Between 1961 and 2024, the East Asian winter monsoon exhibited notable decadal variations. Prior to the mid-1980s, it was generally stronger, weakened significantly between 1987 and 2004, and has fluctuated with strengthening tendencies since 2005. The East Asian summer monsoon has generally weakened, showing a pattern of "strong–weak–strong" fluctuations on decadal scales. In 2024, the East Asian winter monsoon was near normal in strength, while the summer monsoon was stronger. The South Asian summer monsoon was also stronger than the normal. The Northwest Pacific subtropical high in summer had a higher-than-normal expanse and significantly stronger intensity, with its western ridge point moving further westward. Its area and intensity indices reached the highest value recorded since 1961, while the western ridge point index was the lowest.

From 1870 to 2024, global mean sea surface temperatures (SST) have risen with inter-decadal fluctuations, remaining predominantly above average since the early 21st century. In 2024, global mean SST was 0.39℃ above normal, which was the highest since 1870. From 1951 to 2024, 22 El Niño and 17 La Niña events occurred in the central and eastern equatorial Pacific. The moderate El Niño event that began in May 2023 persisted until April 2024, after which SSTs in the equatorial Pacific began to decline gradually, leading to transitioning to La Niña condition by December 2024.

From 1958 to 2024, global ocean heat content (OHC) in the upper layer of 2,000 m remained increasing, with warming accelerating notably since the 1990s. In 2024, the global ocean heat content reached a new record high, exceeding the norm by 22×10^{22} J, with the OHC in the Indian Ocean, tropical Atlantic, Mediterranean, and Southern Ocean all reaching new historical records.

In the context of global warming, the global mean sea level (GMSL) has been rising steadily, with a rising rate of 3.5 mm/a recorded from 1993 to 2024. In 2024, the GMSL ascended to its highest level since satellite observations began. Along China's coasts, the sea level has shown an accelerated rise. Between 1980 and 2024, the rate of rise was 3.5 mm/a, with an increase of 4.0 mm/a between 1993 and 2024. In 2024, the coastal sea level along China was 96 mm higher than the 1993–2011 average and 24 mm higher than that in 2023, marking the highest level since 1980.

Between 1961 and 2024, the surface water resources in China showed notable decadal variations, with an abundance in the 1990s, a decrease from 2003 to 2014, and an increase since 2015. In 2024, surface water resources were 6.0% above normal, with the Liao River basin and the river basins in Northwest China being 38.5% and 24.0% higher, respectively, both marking the second most abundant year since 1961. The Haihe River, Huaihe River, Songhua River, and Pearl River basins showed respective increases of 23.7%, 17.9%, 16.1%, and 14.5% above normal, but the river basins in Southwest China being 6.7% below normal. Between 1961 and 2004, the water level of Qinghai Lake showed a significant decline; however, since 2005, it has risen consecutively for 20 years, reaching 3196.84 m in 2024, the highest water level since records began in 1961. From 2005 to 2024, groundwater levels of Dunhuang and Crescent Spring in the west of the Hexi Corridor declined initially, but subsequently stabilized and rose, while the groundwater level of the eastern desert area of Wuwei showed a declining trend. In 2024, the groundwater levels in both Dunhuang and Crescent Spring reached their highest since 2005.

From 1960 to 2024, global glaciers saw a state of melting and shrinking as a whole, and the glacier mass losses have been accelerating since 1985. In 2024, global reference glaciers experienced substantial mass losses, with an average mass balance of −1298 mm water equivalent (w.e.), marking the most negative value on record. Accelerated glacier melting trends were observed at Glacier No.1 at the headwaters of the Ürümqi River in the Tianshan Mountains, Muz Taw Glacier in the Altai Mountains, Laohugou Glacier No.12 and Bailang River Glacier No.21 in the Qilian Mountains, Xiao Dongkemadi Glacier in the source region of the Yangtze River on the Tanggula Mountains, and Baishui River Glacier No.1 in the Hengduan Mountains. In 2024, the mass balances of these glaciers were −1815 mm w.e., −1294 mm w.e., −1030 mm w.e., −594 mm w.e., −1421 mm w.e., and −1478 mm w.e., respectively, of which the mass balance of the Glacier No.1 at the headwaters of the Ürümqi River, Laohugou Glacier No.12, and Xiao Dongkemadi Glacier recorded their lowest values since continuous observation began. In 2024, the east and west branches of Glacier No.1 retreated by 11.4 m and 8.5 m, respectively; Muz Taw Glacier retreated by 16.4 m; Laohugou Glacier No.12 and Bailang River Glacier No.21 retreated by 27.5 m and 12.8 m, respectively; Da Dongkemadi and Xiao Dongkemadi Glaciers retreated by 15.9 m and 4.9 m, respectively; Baishui River Glacier No.1 retreated by 7.8 m. Notably, the Da Dongkemadi Glacier experienced its greatest retreat since monitoring began.

Between 1981 and 2024, the active layer thickness in the permafrost areas along the Qinghai-Xizang Highway has kept increasing significantly, with an average increase of 20.8 cm per decade, indicating substantial permafrost degradation. In 2024, the average active layer thickness reached 270.8 cm, the highest value on record. From 1961 to 2024, the maximum seasonal freezing depth in Northeast China showed a declining trend, decreasing by an average rate of 5.2 cm per decade. In 2024, the maximum seasonal freezing depth was 14.9 cm lower than the normal, the lowest value recorded since 1961.

Between 2002 and 2024, there was an obvious interannual fluctuation of the average snow cover fraction in the main snow-covered regions of China. Declining trends were identified in the snow-covered regions of Xinjiang and the Qinghai-Tibet Plateau, while no significant linear trend emerged in Northeast China-Inner Mongolia. In 2024, the snow cover fraction on the Qinghai-Tibet Plateau reached its lowest level since 2002, while Xinjiang recorded its third-lowest value. Conversely, snow cover in Northeast China-Inner Mongolia was slightly above the 2002–2020 average.

From 1979 to 2024, the Arctic sea ice extent experienced a significant downward trend, decreasing by 2.5% per decade in March and 13.9% per decade in September. In 2024, the Arctic sea ice extent was 1.0% below the normal in March and 21.6% below the normal in September, with the September extent being the sixth lowest in the satellite record. From 1979 to 2015, the Antarctic sea ice extent exhibited a fluctuating expansion. However, since 2016, the Antarctic sea ice extent has remained predominantly below normal. In September and February 2024, Antarctic sea ice extent was 13.8% and 30.7% below the normal respectively, ranking as the second-lowest extent for these months on record. Moreover, in winter 2023/2024, the maximum sea ice extent in the Bohai Sea was 18.0% smaller than the normal.

During 1961–2024, the annual mean ground temperature (0 cm) in China exhibited a significant upward trend at a warming rate of 0.35℃/10a. In 2024, the average land surface temperature in China was 1.20℃ higher than normal, making the highest value since 1961. From 1993 to 2024, the annual soil moisture at depths of 10 cm, 20 cm, and 50 cm generally increased across China. The 2024 average soil moisture at 10 cm, 20 cm, and 50 cm depths was 66%, 70%, and 73%, respectively.

From 2000 through 2024, the annual average normalized difference vegetation index

(NDVI) in China significantly increased, showing a sustained greening trend nationwide. In 2024, the average NDVI was 0.358, representing increases of 4.8% relative to the 2011–2020 mean and 8.2% relative to the 2001–2020 average. Between 1963 and 2024, the spring phenology (first leaf date) of representative plants in different regions of China significantly advanced, with *Magnolia denudata* (Beijing Station), *Robinia pseudoacacia* (Shenyang Station), *Salix babylonica* (Hefei Station), *Liquidambar formosana* (Guilin Station), and *Acer mono* (Xi'an Station), advancing by 3.4 days, 1.4 days, 2.2 days, 2.6 days, and 2.9 days per decade, respectively. While, the beginning date of leaf-falling exhibited considerable interannual variability; notably, in 2024, the first leaf-falling date of *Magnolia denudata* at Beijing Station was the earliest on record. From 2007 to 2024, agro-ecosystems at Shouxian National Climatology Observatory functioned as carbon dioxide (CO_2) net sinks. In 2024, the net CO_2 flux was −2.21 kg/(m^2·a), with 0.35 kg/(m^2·a) lower than the 2011–2020 mean. During 2005–2024, the desertified area in the Shiyang River Basin, Northwest China, decreased gradually. From 2000 to 2024, the autumn NDVI significantly increased in the karst regions of Southwest China, indicating a steady improvement in regional ecological conditions.

Since the 1950s, the coverage rate of living reef corals in the South China Sea has been trending downward. Coral thermal bleaching events occurred in areas including the Nansha Islands, Xisha Islands, Sanya, and Greater Bay region during the summer of 2024. Between 1973 and 2024, the overall acreage of China's coastal mangrove initially decreased and subsequently increased; by 2024, the mangrove area reached 257 km^2, basically returning to the 1980 level.

In 2024, solar activity entered the peak year stage of its 25th cycle since 1755, with the annual average of sunspot relative number reaching 154.7±52.2, surpassing the highest level of the 24th cycle (113.3±38.2 in 2014). During 1961–2024, the annual average total solar radiation received by the land surface in China showed a decreasing trend. In 2024, the average annual total radiation in China stood at 1511.8 (kW·h)/m^2, which is 7.2 (kW·h)/m^2 lower than the normal.

From 1990 to 2023, the atmospheric CO_2 concentration observed at the Waliguan Atmospheric Background Station in China increased year by year. In 2023, the annual mean concentrations of CO_2, methane (CH_4), and nitrous oxide (N_2O) at the station reached

（421.4±0.1）ppm[①]，（1986±0.6）ppb[②]，and（337.3±0.1）ppb, respectively, which were roughly equivalent to the average values for the Northern Hemisphere and slightly higher than the global average. During 2004–2024, the aerosol optical depth (AOD) in China showed an overall downward trend with distinct stage-specific variations. From 2004 to 2014, annual average AOD values at the regional atmospheric background stations of Shangdianzi in Beijing, Lin'an in Zhejiang, and Longfengshan in Heilongjiang fluctuated upward. Afterward, the observed average AOD values at these stations exhibited a wave-like downward trend. In 2024, the average AOD values at the Shangdianzi, Lin'an, and Longfengshan stations slightly decreased compared to their 2023 values, with Shangdianzi and Lin'an stations recording their lowest since observations began.

[①] ppm = number of molecules of the gas per million (10^6) molecules of dry air.
[②] ppb = number of molecules of the gas per billion (10^9) molecules of dry air.

第1章 大 气 圈

大气圈既是气候系统最重要的组成部分,也是气候系统变化最为剧烈、最不稳定的圈层。它不仅受到水圈、生物圈、冰冻圈和岩石圈表层的直接作用与影响,还与人类活动密切相关。气候系统中其他圈层的变化都会通过大气圈反映出来。

大气圈从地表向上依纬度延伸至 12～16 km 的高度,这一部分的气温随高度降低,被称为对流层,是人类活动最为集中的区域,也是大气活动与变化最为剧烈的部分。对流层之上至约 50 km 的高度是平流层,该层大气稳定,气温随高度上升,空气以水平运动为主,且臭氧主要集中于此。平流层之上依次为中间层、热层以及外层空间。大气圈主要通过大气成分的变化、太阳活动的变化以及地表反照率的改变驱动地球辐射收支变化,从而影响地球的气候。认识气候系统变化,首先需要构建定量的指标,用以监测大气圈的长期变化。大气温度、降水、湿度、风速等基本气候要素的均值或累积量以及极端天气气候事件指数是监测气候和气候变化的主要指标,它们在气候变化科学研究与业务服务中得到广泛应用。此外,表征大气环流变化(如季风活动、副热带高压、北极涛动等)的一些指数也是监测气候变化的重要指标。

1.1 全球和亚洲

1.1.1 全球地表平均温度

中国气象局全球表面温度数据集分析表明,2024 年全球地表平均温度较工业化前水平(1850～1900 年平均值)高 1.50℃,为自 1850 年有气象观测记录以来的最暖年;最近 10 年(2015～2024 年)是有气象观测记录以来最暖的十年,全球地表平均温度较工业化前水平高 1.23℃;过去 20 年(2005～2024 年),全球地表平均温度较工业化前水平高 1.08℃。多套全球表面温度数据集综合分析表明:全球气候变暖趋势在持续(图 1.1)。

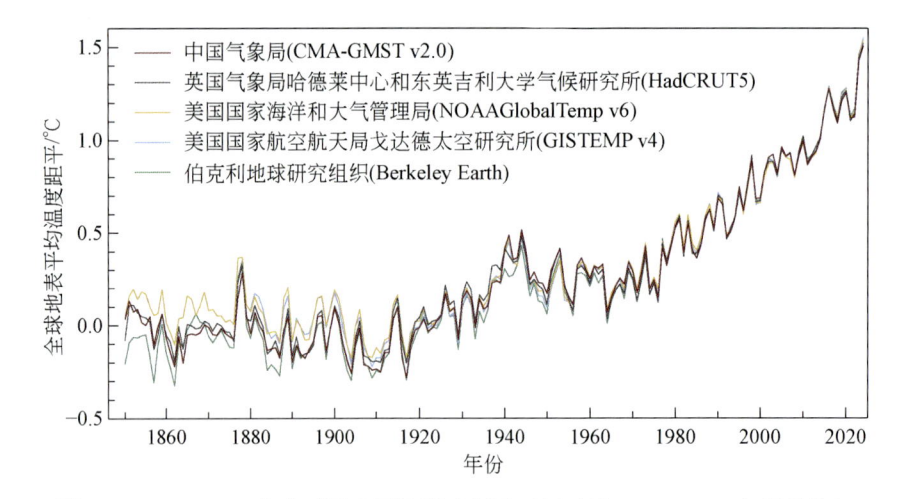

图 1.1　1850～2024 年全球地表平均温度距平（相对于 1850～1900 年平均值）

Figure 1.1　Global annual mean surface temperature anomalies from 1850 to 2024 (relative to the 1850–1900 average)

1.1.2　亚洲区域平均气温

1901～2024 年，亚洲区域年平均气温总体呈明显上升趋势；20 世纪 60 年代末以来，升温趋势尤其显著（图 1.2）；1961～2024 年，亚洲区域年平均气温上升速率为 0.33℃/10a。2024 年，亚洲区域平均气温较常年值偏高 1.04℃，比 1961～1990 年平均值高出 1.97℃，与 2020 年并列为 1901 年以来的最高值。

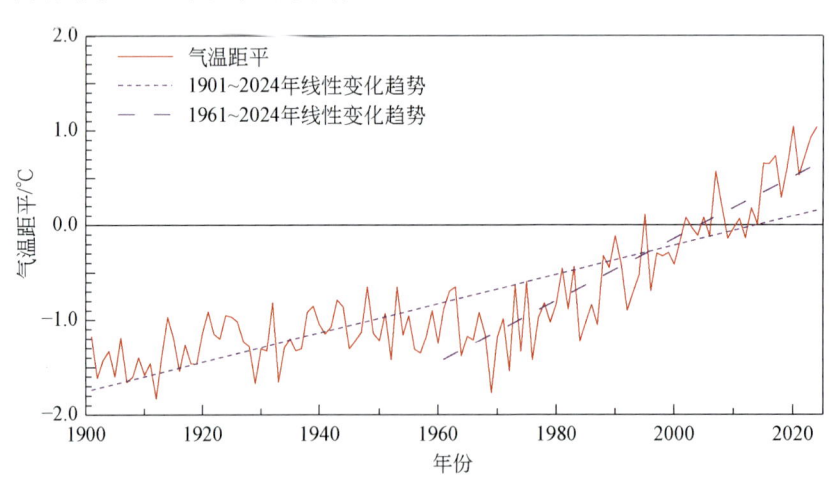

图 1.2　1901～2024 年亚洲区域年平均气温距平

Figure 1.2　Annual mean land surface air temperature anomalies in Asia from 1901 to 2024

1.2 中国气候要素

1.2.1 地表气温

(1) 平均气温

长序列均一化气温观测资料分析显示，1901~2024 年，中国地表年平均气温呈显著上升趋势，并伴随明显的年代际波动（图 1.3）。1961~2024 年，中国地表年平均气温呈显著上升趋势，升温速率达到 0.31℃/10a。2024 年，中国地表年平均气温较常年值偏高 1.07℃，为 1901 年以来的最暖年份。1901 年以来的 10 个最暖年份，均出现在 21 世纪；最近 10 年（2015~2024 年），中国地表平均气温较常年值偏高 0.63℃，较 1961~1990 年平均值高出 1.54℃。

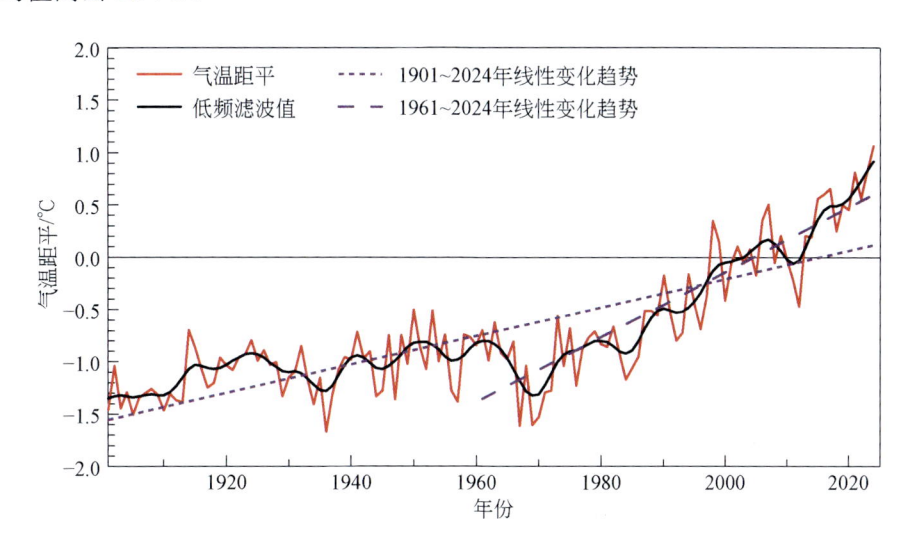

图 1.3　1901~2024 年中国地表年平均气温距平

低频滤波值曲线，即粗黑线，为去除 10 年以下时间尺度变化的年代际波动，下同

Figure 1.3　Annual mean surface air temperature anomalies in China from 1901 to 2024

Thick black lines represent the low-frequency filter curves obtained by removing the inter-annual temporal variations under 10 years，the same applied hereinafter

1901~2024 年，北京南郊观象台地表年平均气温呈显著升高趋势，20 世纪 60 年代末以来，升温趋势尤其显著，21 世纪初至今为主要的偏暖阶段；20 世纪前 20 年和 30~70 年代为明显偏冷阶段［图 1.4（a）］。2024 年，北京南郊观象台地表年平均气温为 14.4℃，

较常年值偏高 1.1℃，为 1901 年以来最高值。

1909~2024 年，哈尔滨气象观测站地表年平均气温呈显著升高趋势，升温速率高于同期全国平均升温水平 [图 1.4（b）]；20 世纪 90 年代后期以来为偏暖阶段，40 年代以前和 50~80 年代为偏冷阶段（1943~1948 年无观测数据）。2024 年，哈尔滨气象观测站地表年平均气温为 6.0℃，较常年值偏高 0.8℃，为 1909 年有观测记录以来第四高值。

1901~2024 年，上海徐家汇观象台地表年平均气温呈显著上升趋势；20 世纪初至 80 年代气温较常年偏低，90 年代末期以来年平均气温偏高 [图 1.4（c）]。2024 年，徐家汇观象台地表年平均气温为 18.7℃，较常年值偏高 1.2℃，为上海徐家汇观象台有观测记录以来的最高值。

1908~2024 年，广州气象台地表年平均气温呈显著上升趋势 [图 1.4（d）]；且 20 世纪 80 年代中期以来升温明显加快（潘蔚娟等，2021）。2024 年，广州气象台地表年平均气温为 23.6℃，较常年值偏高 0.9℃，与 2019 年、2020 年和 2023 年并列为广州气象台有观测记录以来的第二高值。

1901~2024 年，香港天文台地表年平均气温呈上升趋势，升温速率为 0.15℃/10a [图 1.4（e）]。1961~2024 年，地表年平均气温的上升速度加快，升温速率为 0.21℃/10a。2024 年，香港天文台地表年平均气温为 24.8℃，较常年值偏高 1.3℃，为香港天文台有观测记录以来的最高值。

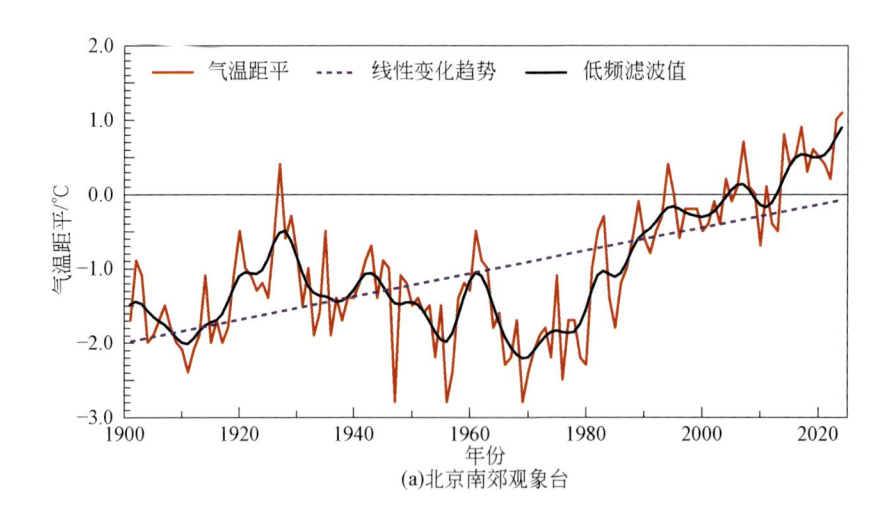

(a)北京南郊观象台

(b)哈尔滨气象观测站

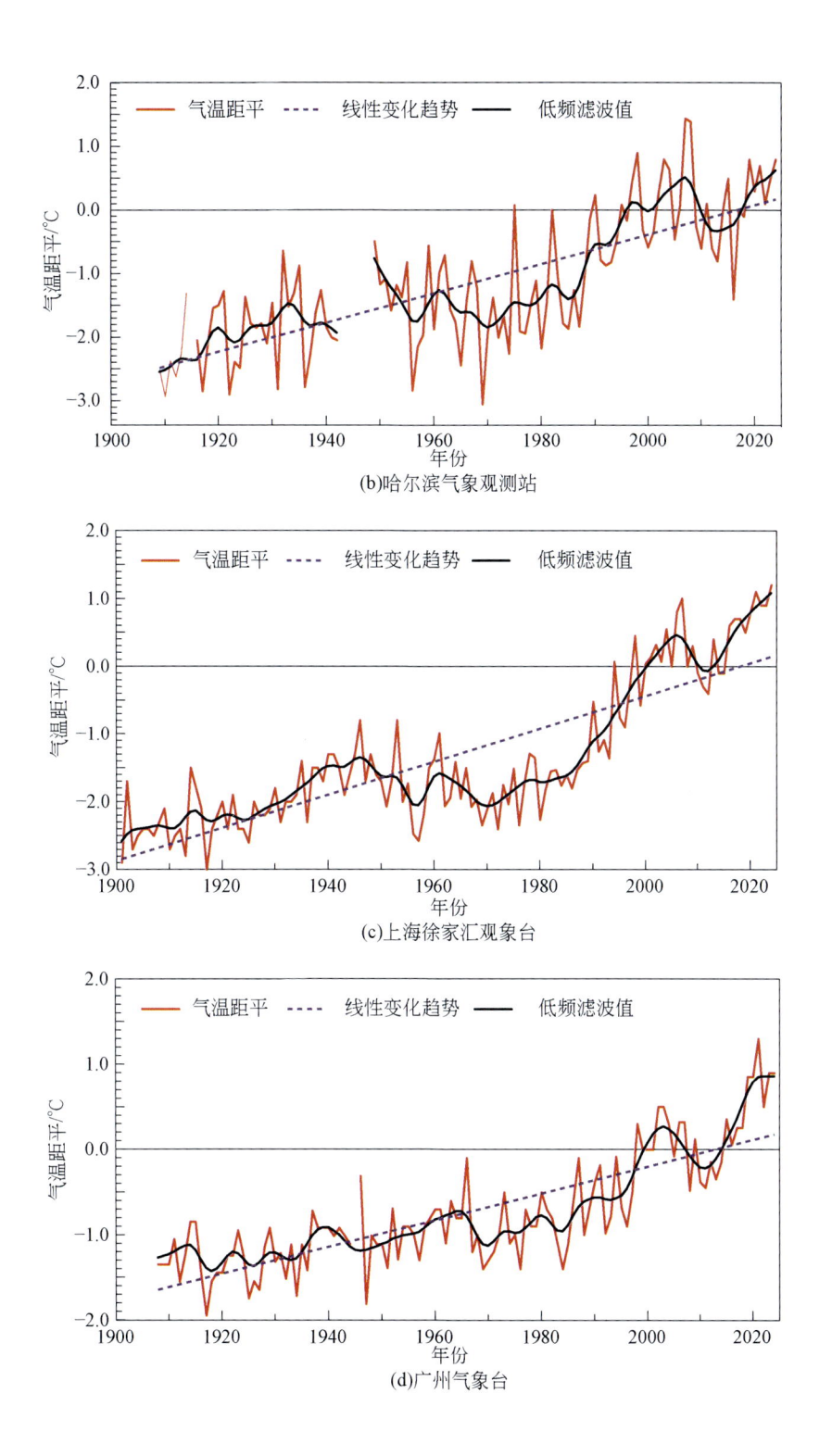

(c)上海徐家汇观象台

(d)广州气象台

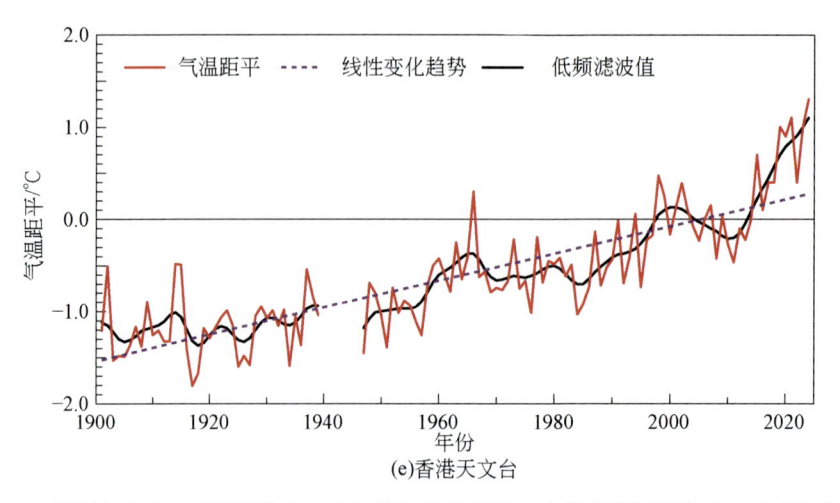

图 1.4　近百年来北京南郊观象台、哈尔滨气象观测站、上海徐家汇观象台、广州气象台和香港天文台地表年平均气温距平

Figure 1.4　Annual mean surface air temperature anomalies at (a) Beijing Observatory, (b) Harbin Meteorological Observatory, (c) Shanghai Xujiahui Observatory, (d) Guangzhou Meteorological Observatory, and (e) Hong Kong Observatory in the past 100 years or so

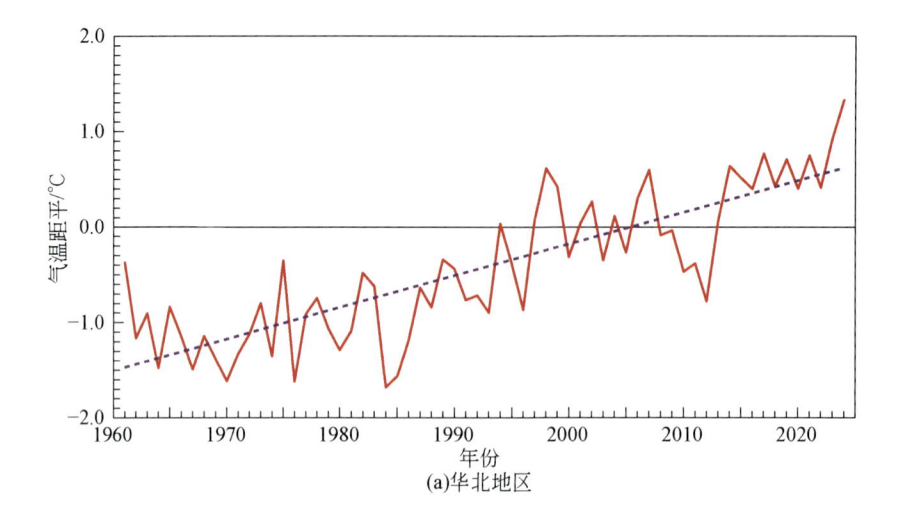

1961～2024 年，中国八大区域（华北、东北、华东、华中、华南、西南、西北和青藏地区）地表年平均气温均呈显著上升趋势（图 1.5），但升温速率的区域差异明显。青藏地区增温速率最大，平均每 10 年升高 0.36℃；华北、东北和西北地区次之，升温速率依次为 0.34℃/10a、0.33℃/10a 和 0.30℃/10a；华东和华中地区平均每 10 年分别升高 0.29℃和 0.25℃；华南和西南地区升温幅度相对较缓，升温速率分别为 0.21℃/10a 和 0.19℃/10a。2024 年，华南地区平均气温为 1961 年以来的第二高值，其余区域平均气温均为 1961 年以来的最高值。

(b)东北地区

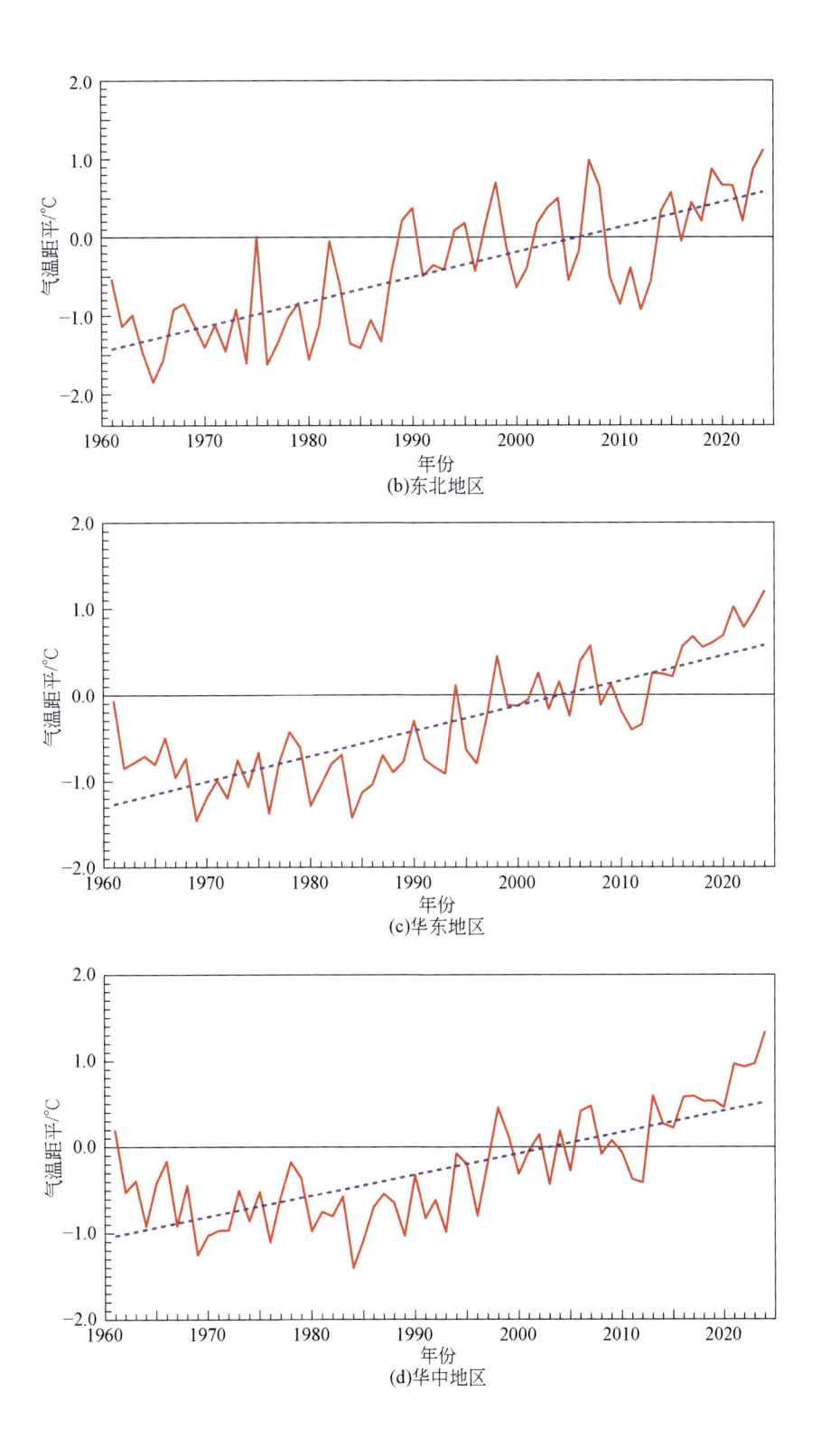

(c)华东地区

(d)华中地区

(e) 华南地区

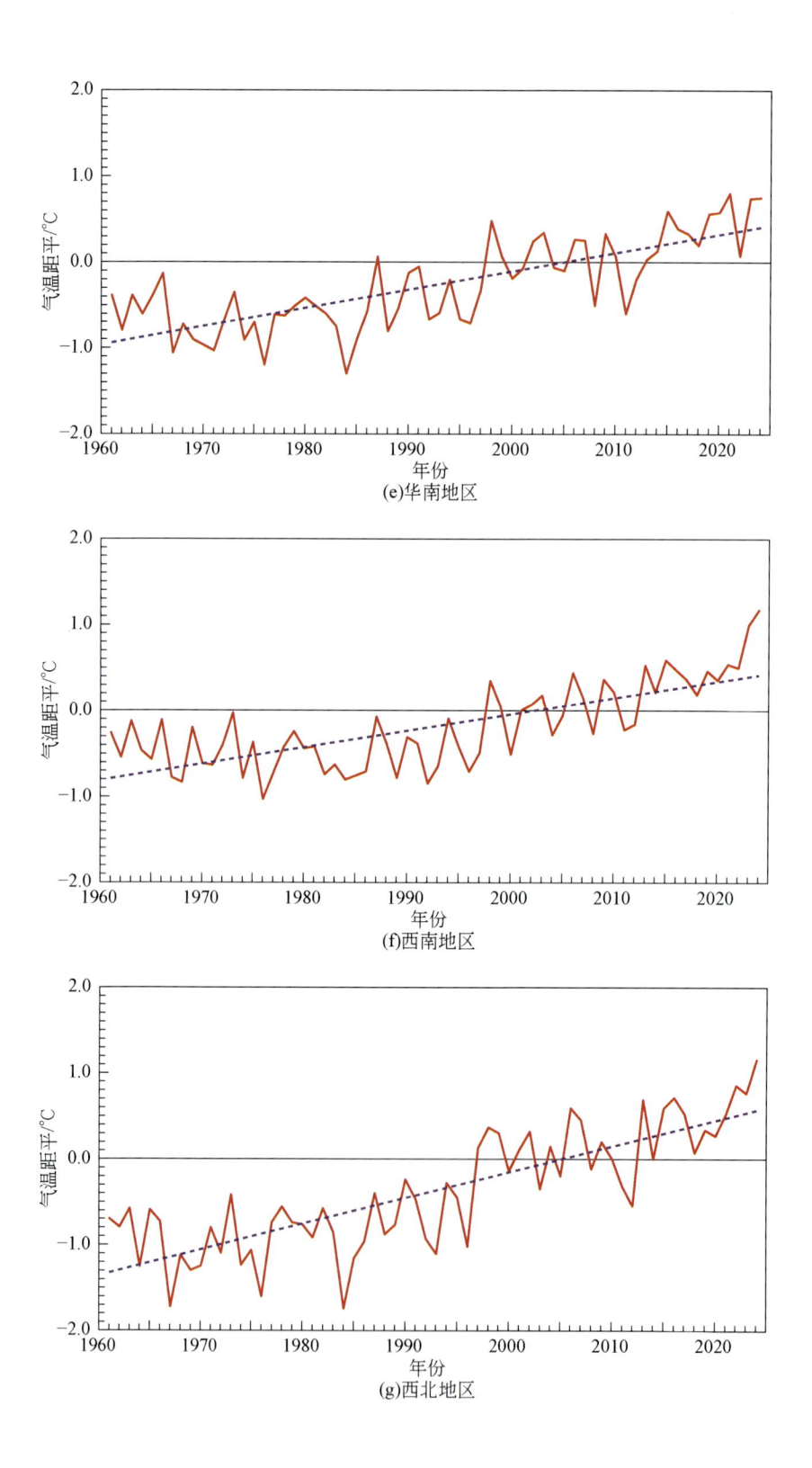

(f) 西南地区

(g) 西北地区

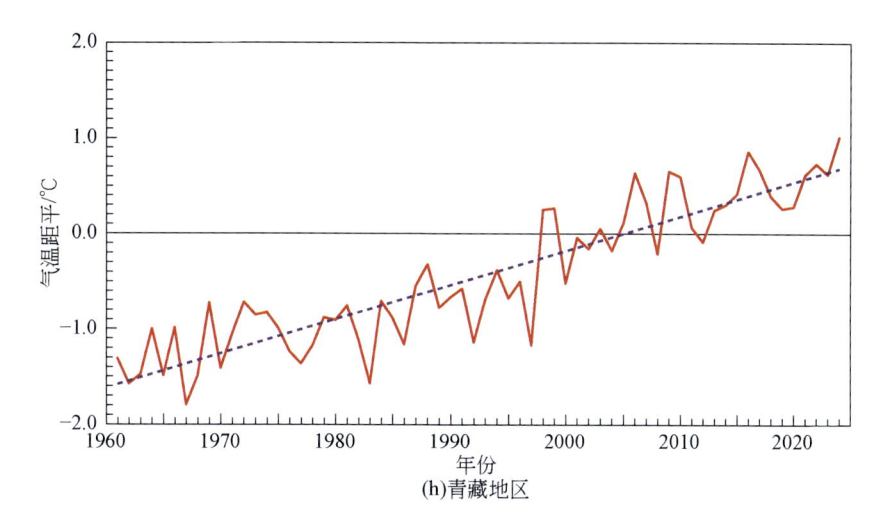

图 1.5　1961~2024 年中国八大区域地表年平均气温距平

点线为线性变化趋势线

Figure 1.5　Annual mean surface air temperature anomalies in the eight sub-regions of China from 1961 to 2024

(a) North China, (b) Northeast China, (c) East China, (d) Central China, (e) South China, (f) Southwest China, (g) Northwest China, and (h) Qinghai-Xizang

The dashed lines stand for a linear trend

2024 年，中国大部地区气温较常年偏高，东北中南部、华北大部、华东大部、华中、西南地区中东部、西北地区大部和青藏地区中北部偏高 1~2℃（图 1.6）。

（2）最高气温和最低气温

1961~2024 年，中国地表年平均最高气温呈上升趋势，平均每 10 年升高 0.26℃，低于同期年平均气温的上升速率。20 世纪 80 年代之前，中国年平均最高气温变化相对稳定，之后呈明显上升趋势［图 1.7（a）］。2024 年，中国地表年平均最高气温较常年值偏高 1.0℃，为 1961 年以来的最高值。

1961~2024 年，中国地表年平均最低气温呈显著上升趋势，平均每 10 年升高 0.41℃，明显高于同期年平均气温和最高气温的上升速率。20 世纪 70 年代初期以来，中国年平均最低气温上升趋势尤为明显；90 年代后期以来，年平均最低气温高于常年值［图 1.7（b）］。2024 年，中国地表年平均最低气温较常年值偏高 1.28℃，亦为 1961 年以来的最高值。

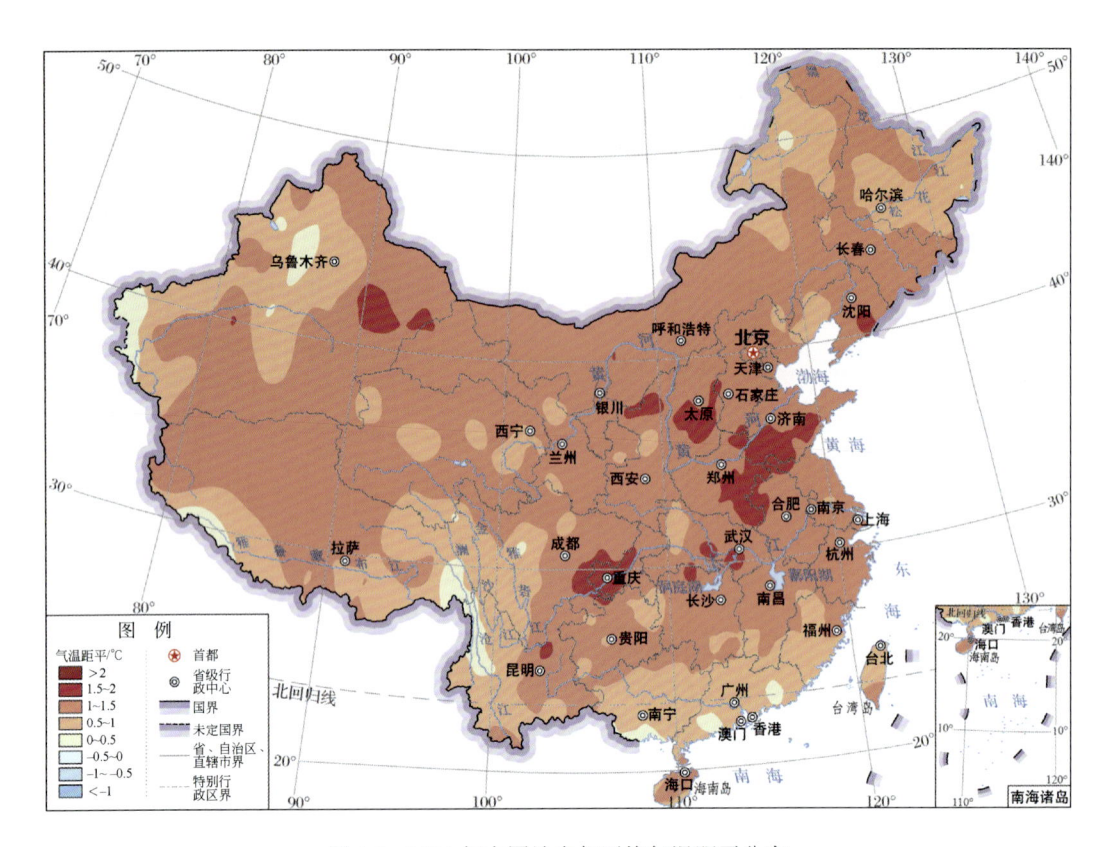

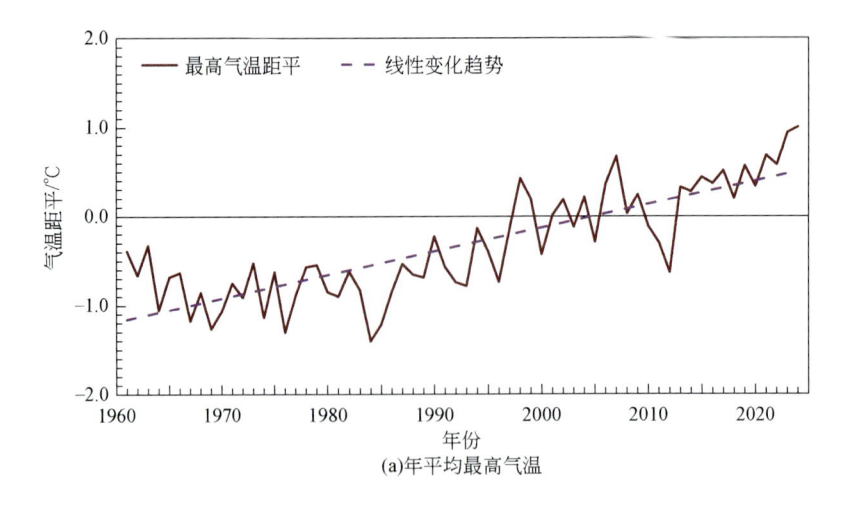

图 1.6　2024 年中国地表年平均气温距平分布

Figure 1.6　Distribution of annual mean surface air temperature anomalies in China in 2024

(a)年平均最高气温

第1章 大 气 圈

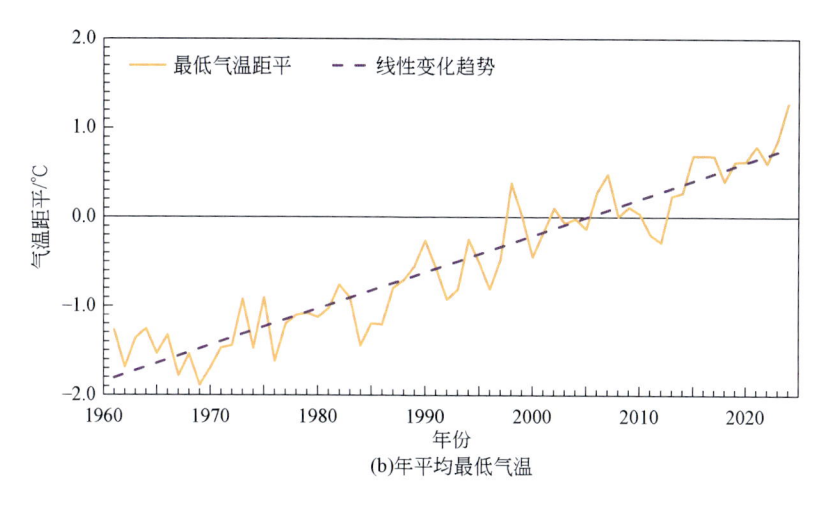

(b)年平均最低气温

图1.7 1961～2024年中国地表年平均最高气温和最低气温距平

Figure 1.7 Annual mean surface (a) maximum and (b) minimum air temperature anomalies in China from 1961 to 2024

1.2.2 高空气温

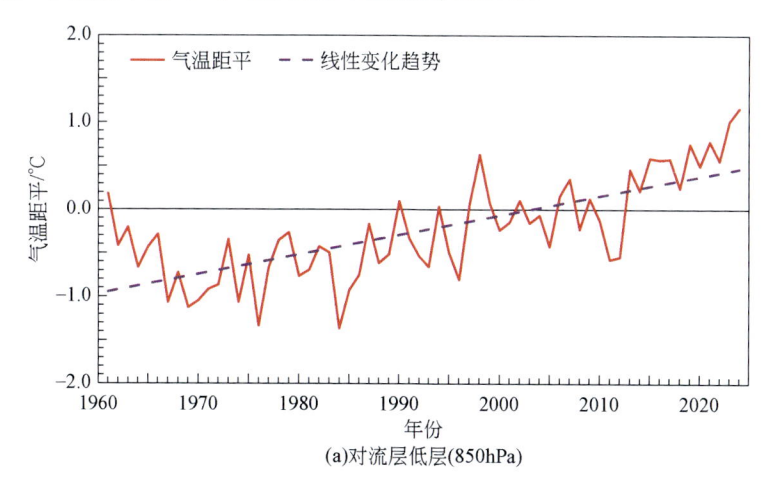

探空观测资料分析显示，1961～2024 年，中国高空对流层低层（以 850 hPa 高度为代表）和上层（以 300 hPa 为代表）年平均气温均呈显著上升趋势（图1.8），增温速率分别为 0.23℃/10a 和 0.21℃/10a；而平流层下层（以 100 hPa 为代表）年平均气温表现为下降趋势［图 1.8（c）］，平均每 10 年降低 0.19℃。对流层升温和平流层下层降温趋势与全球高空气温变化总体一致（陈哲和杨溯，2014；Guo et al.，2020）。2024 年，中国高空对流层低层和上层平均气温较常年值分别偏高 1.16℃和 1.06℃，均为 1961 年以来的最高值；平流层下层平均气温较常年值偏高 0.38℃。

(a)对流层低层(850hPa)

· 23 ·

(b)对流层上层(300hPa)

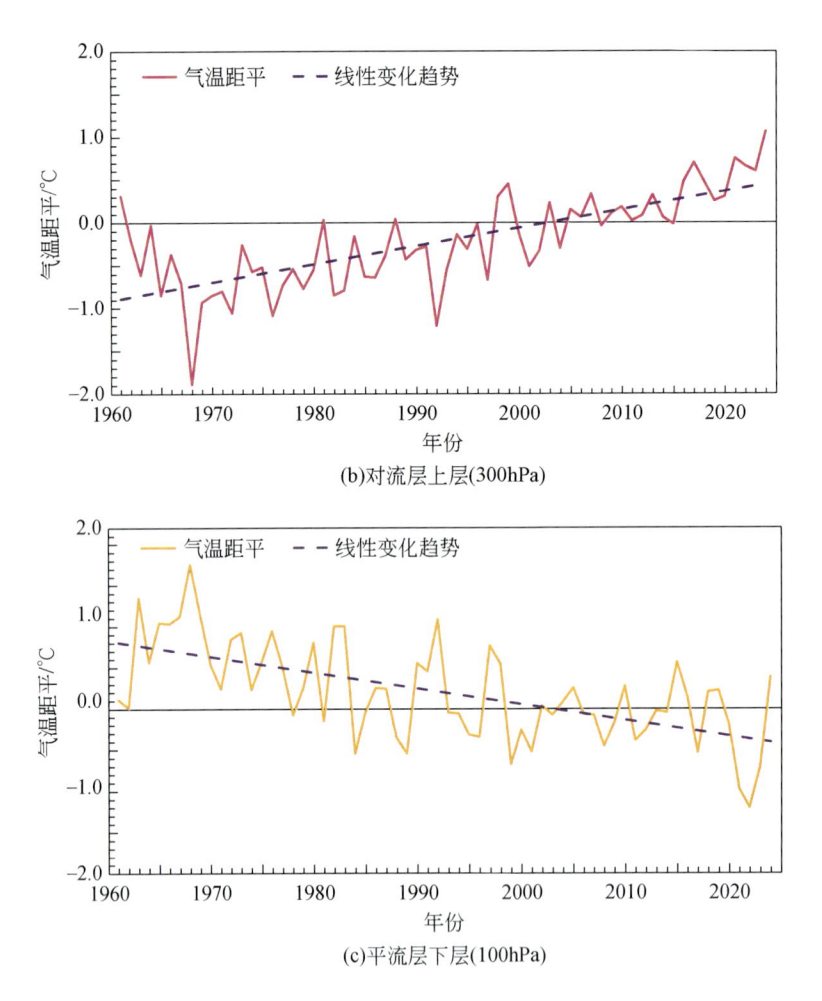

(c)平流层下层(100hPa)

图 1.8　1961～2024 年中国高空年平均气温距平

Figure 1.8　Annual mean upper-air temperature anomalies in China from 1961 to 2024

(a) lower troposphere (850 hPa), (b) upper troposphere (300 hPa), and (c) lower stratosphere (100 hPa)

1.2.3　降水

（1）降水量

20 世纪初以来，中国平均年降水量无显著的长期变化趋势，但存在 20～30 年尺度的年代际振荡，其中 20 世纪最初 20 年、40 年代后期至 50 年代偏多，20 世纪 20 年代中期至 40 年代中期、60 年代至 70 年代末期降水总体偏少（杨溯，2025）。

1901～2024 年，北京南郊观象台年降水量呈弱的减少趋势，并表现出明显的年代际变化特征。20 世纪 40 年代后期至 50 年代、80 年代中期至 90 年代后期降水偏多，90

年代末到 21 世纪最初十年总体处于降水偏少阶段，2011 年以来降水以偏多为主 [图 1.9（a）]。2024 年，北京南郊观象台年降水量为 899.3 mm，较常年值偏多 70.3%，为近 50 年最多。

1909~2024 年，哈尔滨气象观测站年降水量表现出明显的年代际变化特征，其中 20 世纪 10 年代、20 年代末期至 30 年代和 50 年代降水偏多（1943~1948 年无观测数据），70 年代降水偏少，80~90 年代中期降水偏多，21 世纪最初十年降水以偏少为主，2011 年以来降水以偏多为主 [图 1.9（b）]。2024 年，哈尔滨气象观测站年降水量为 659.9 mm，较常年值偏多 22.2%。

1901~2024 年，上海徐家汇观象台年降水量呈显著增多趋势，平均每 10 年增加 17.9 mm。20 世纪 70 年代以前，年降水量以 30~40 年的周期波动，之后呈明显增多趋势，且年际波动幅度增大 [图 1.9（c）]。2024 年，徐家汇观象台年降水量为 1620.0 mm，较常年值偏多 21.2%。

1908~2024 年，广州气象台年降水量呈增多趋势，并伴随明显的年代际波动。20 世纪 30 年代和 60~70 年代降水偏少，但降水自 90 年代初波动增加，2013 年以来降水以偏多为主 [图 1.9（d）]。2024 年，广州气象台年降水量为 2457.2 mm，较常年值偏多 26.0%。

1901~2024 年，香港天文台年降水量呈增多趋势，平均每 10 年增加 28.7 mm，且降水量年际波动幅度较大 [图 1.9（e）]。2024 年，香港天文台年降水量为 2309.7 mm，较常年值偏少 5.0%。

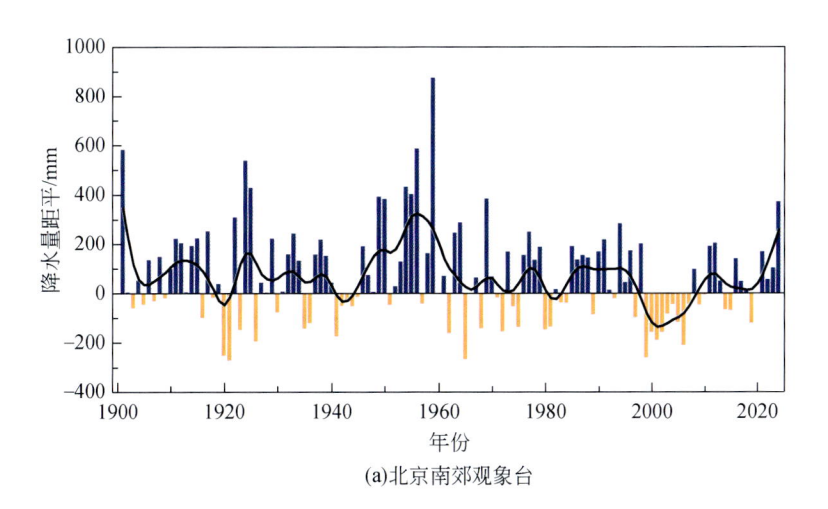

(a) 北京南郊观象台

(b)哈尔滨气象观测站

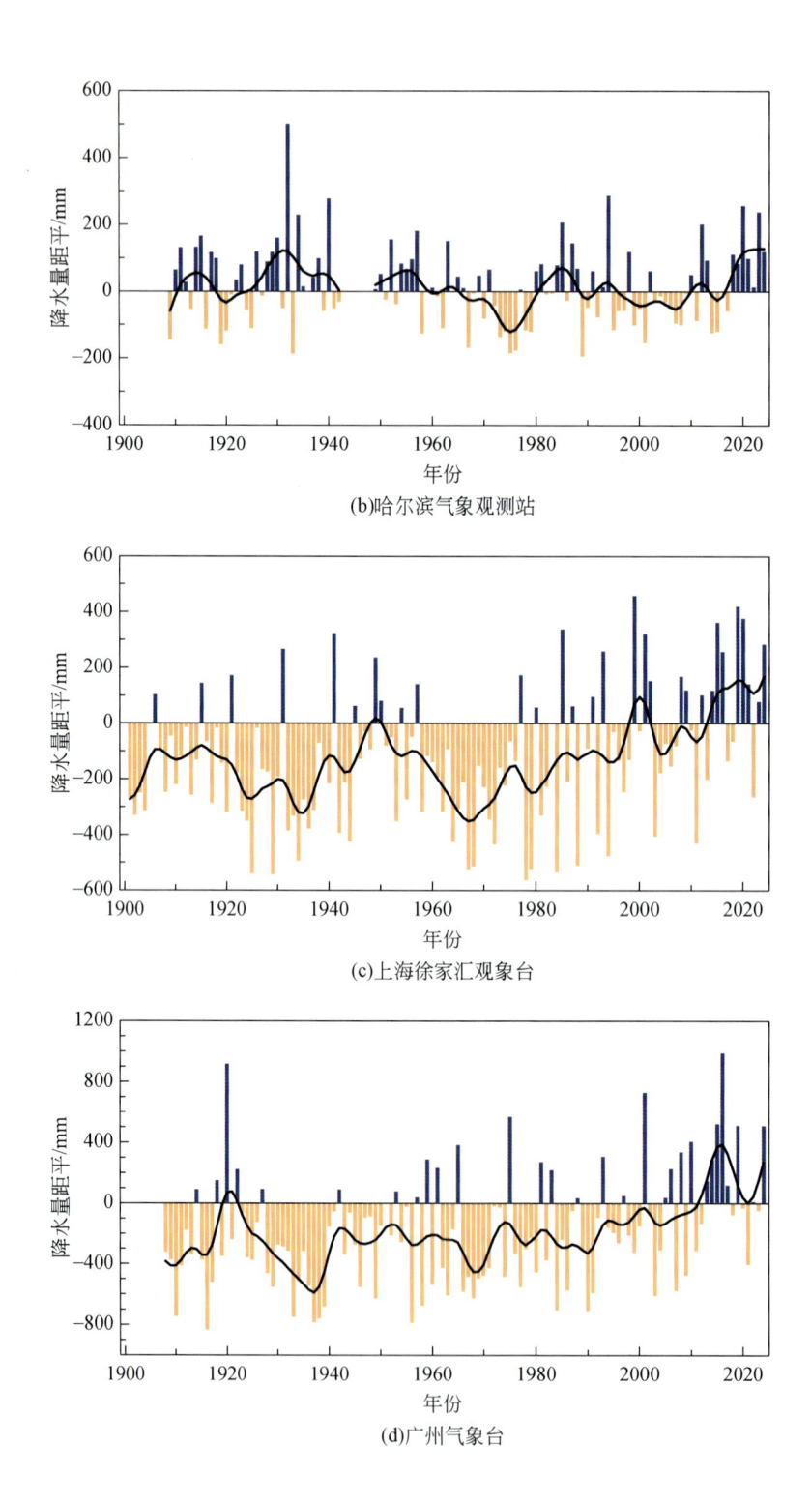

(c)上海徐家汇观象台

(d)广州气象台

(e)香港天文台

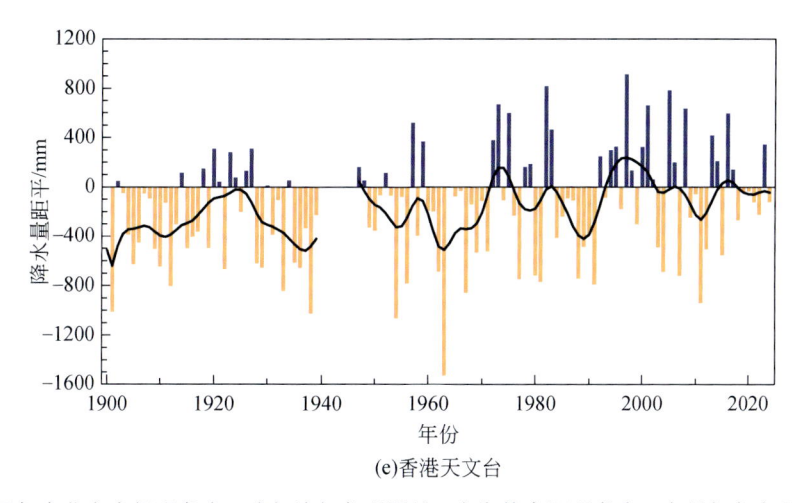

图 1.9　近百年来北京南郊观象台、哈尔滨气象观测站、上海徐家汇观象台、广州气象台和香港天文台年降水量距平变化

Figure 1.9　Changes in annual precipitation anomalies at (a) Beijing Observatory, (b) Harbin Meteorological Observatory, (c) Shanghai Xujiahui Observatory, (d) Guangzhou Meteorological Observatory, and (e) Hong Kong Observatory in the past 100 years or so

1961～2024 年，中国平均年降水量呈增加趋势，平均每 10 年增加 6.0 mm，且年代际变化明显。20 世纪 90 年代中国平均年降水量以偏多为主，21 世纪最初十年总体偏少，2012 年以来降水总体偏多（图 1.10）。2016 年、1973 年、2024 年、1998 年和 2010 年是排名前五位的降水高值年，2011 年、1986 年、2004 年、1966 年和 1963 年是排名后五位的降水低值年。2024 年，中国平均降水量较常年值偏多 10.2%。

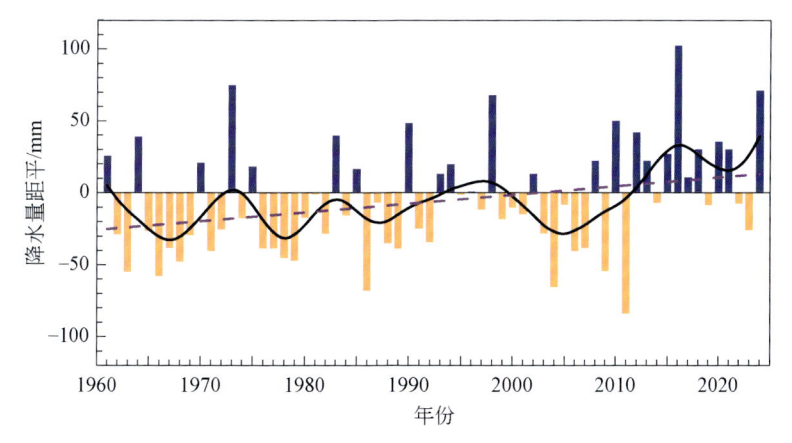

图 1.10　1961～2024 年中国平均年降水量距平

点线为线性变化趋势线

Figure 1.10　Average annual precipitation anomalies in China from 1961 to 2024

The dashed line stands for the linear trend

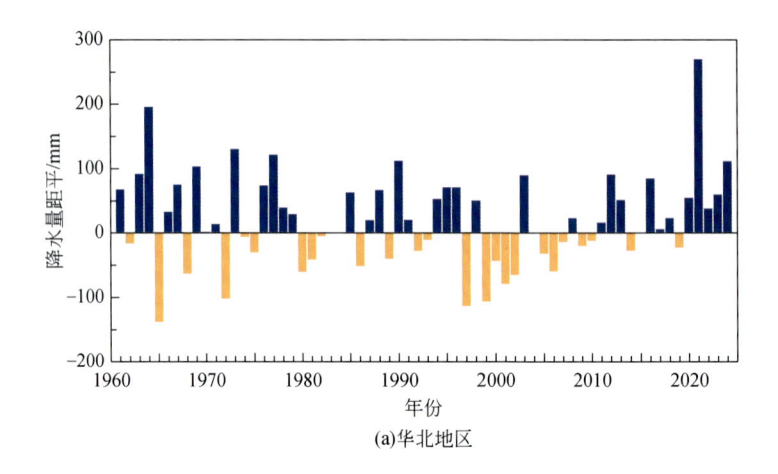

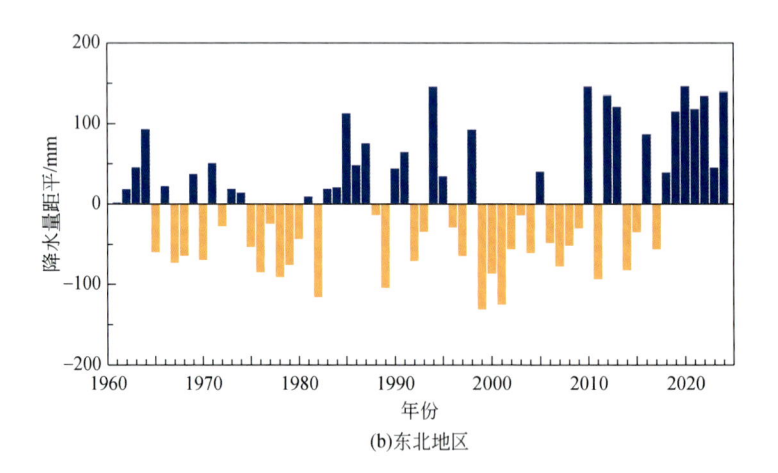

1961～2024 年，中国八大区域平均年降水量变化趋势差异明显（图 1.11）。青藏地区平均年降水量呈显著增多趋势，平均每 10 年增加 6.8 mm；西南地区平均年降水量总体呈减少趋势，平均每 10 年减少 10.7 mm；华北、东北、华东、华中、华南和西北地区年降水量无明显线性变化趋势，但均存在年代际波动变化。21 世纪初以来，华北、东北和西北地区平均降水量波动上升，华中地区平均降水量年际波动幅度增大。

(a)华北地区

(b)东北地区

(c) 华东地区

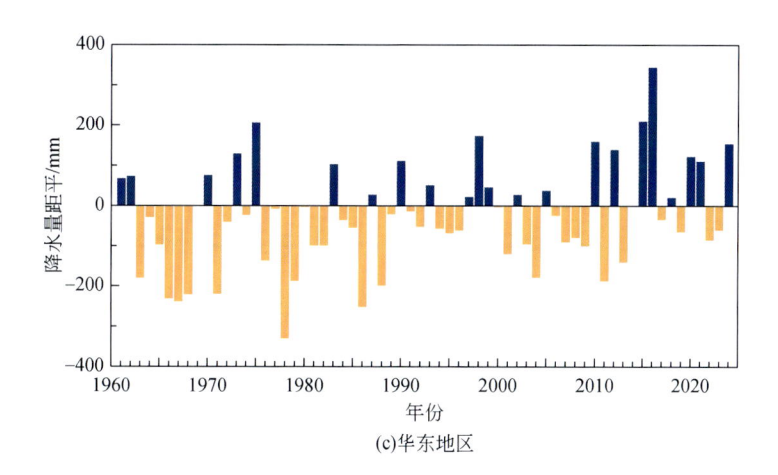

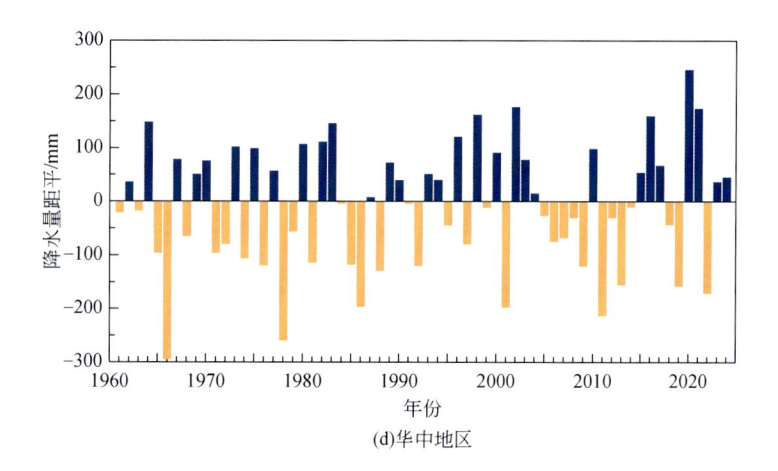

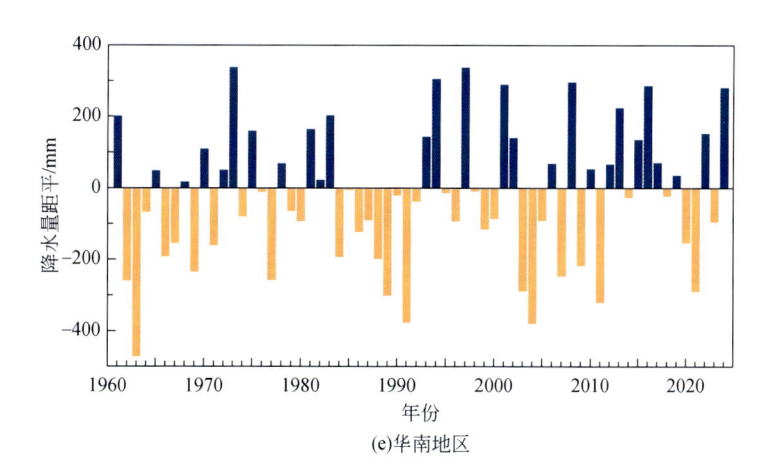

(d) 华中地区

(e) 华南地区

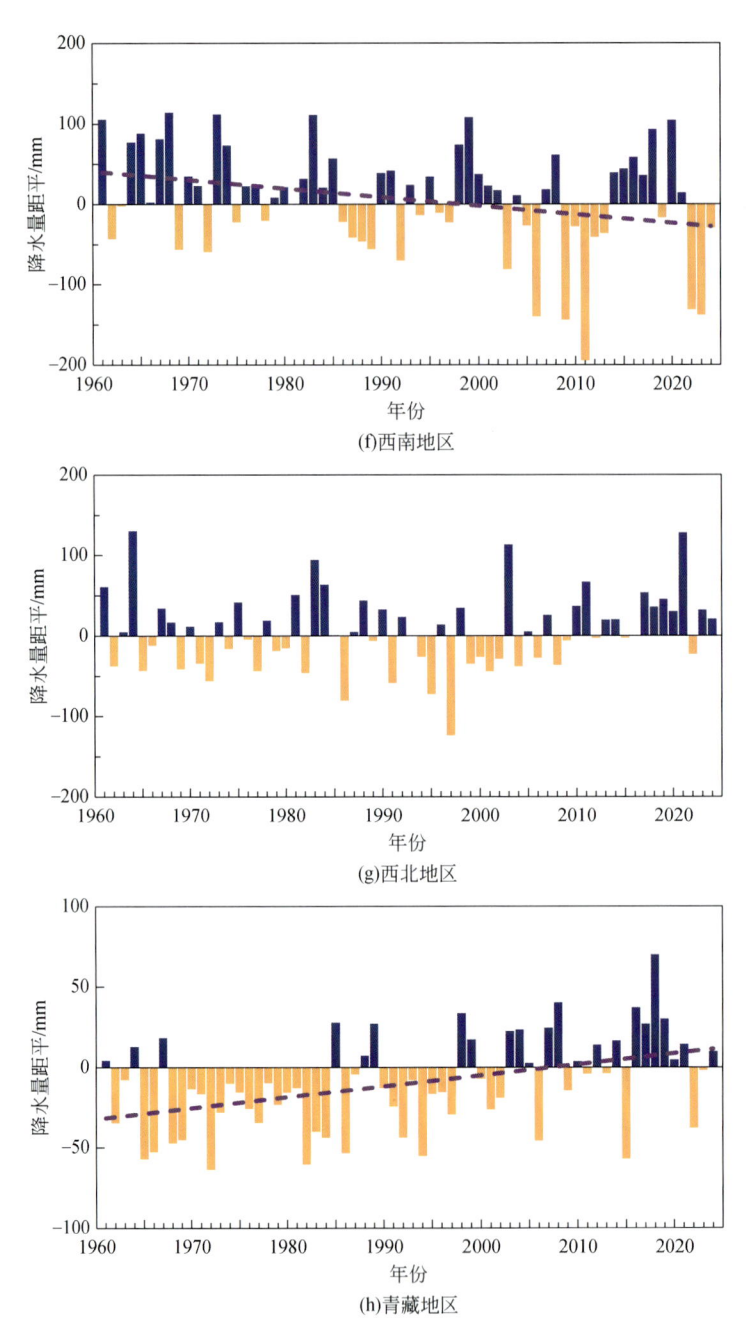

图 1.11　1961～2024 年中国八大区域年降水量距平

点线为线性变化趋势线

Figure 1.11　Annual precipitation anomalies in eight sub-regions of China from 1961 to 2024
(a) North China, (b) Northeast China, (c) East China, (d) Central China, (e) South China, (f) Southwest China, (g) Northwest China, and (h) Qinghai-Xizang

The dashed line stands for a linear trend

2024年，中国区域年降水量空间分布不均，东北地区中南部、华北北部和东部、华东地区东北部、华南东部和西南部、西北地区东南部及新疆西北部部分地区降水偏多20%至1倍（图1.12）；黑龙江西北部、湖北中南部、西藏中北部和东部、青海西北部、新疆东南部偏少20%~50%。

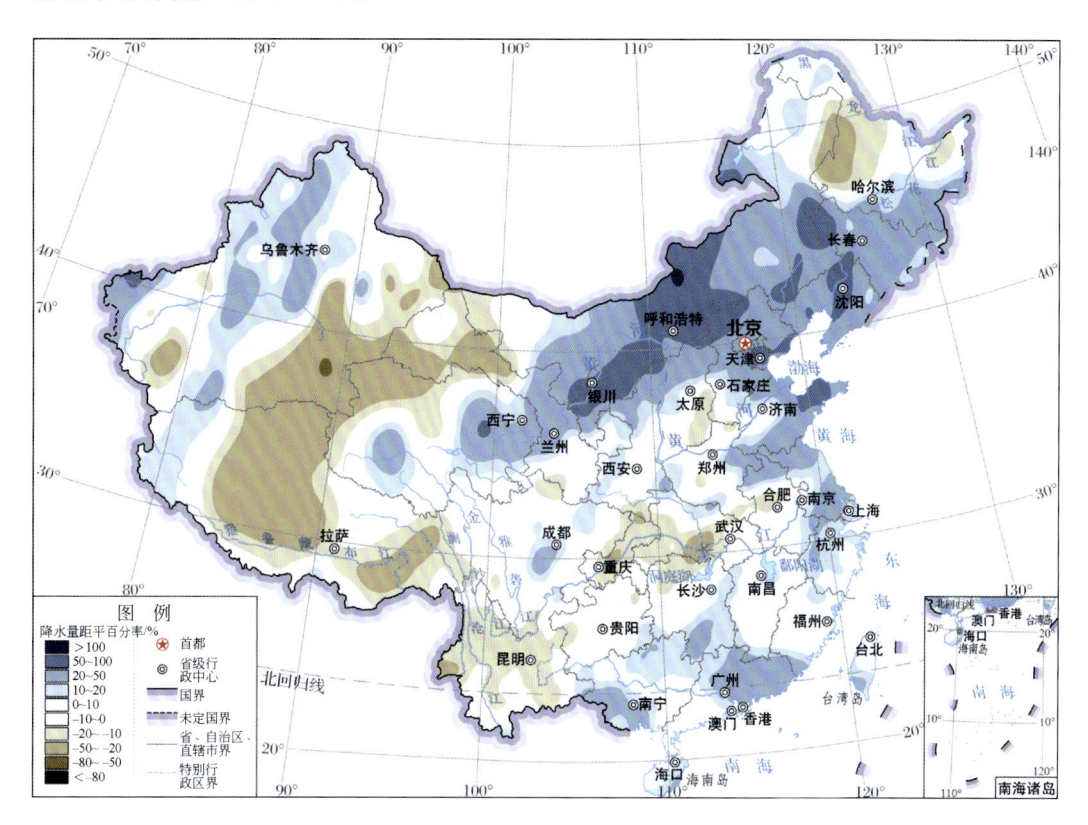

图1.12　2024年中国年降水量距平百分率分布

Figure 1.12　Distribution of the annual precipitation anomaly percentages in China in 2024

（2）降水日数

1961~2024年，中国平均年降水日数呈显著减少趋势，平均每10年减少2.0天。2024年，中国平均年降水日数为100.8天，较常年值偏少1.3天［图1.13（a）］。

1961~2024年，中国年累计暴雨（日降水量≥50 mm）站日数呈增加趋势，平均每10年增加4.5%。2024年，中国年累计暴雨站日数为8186站日，较常年值偏多31.3%，为1961年以来的最高值［图1.13（b）］。

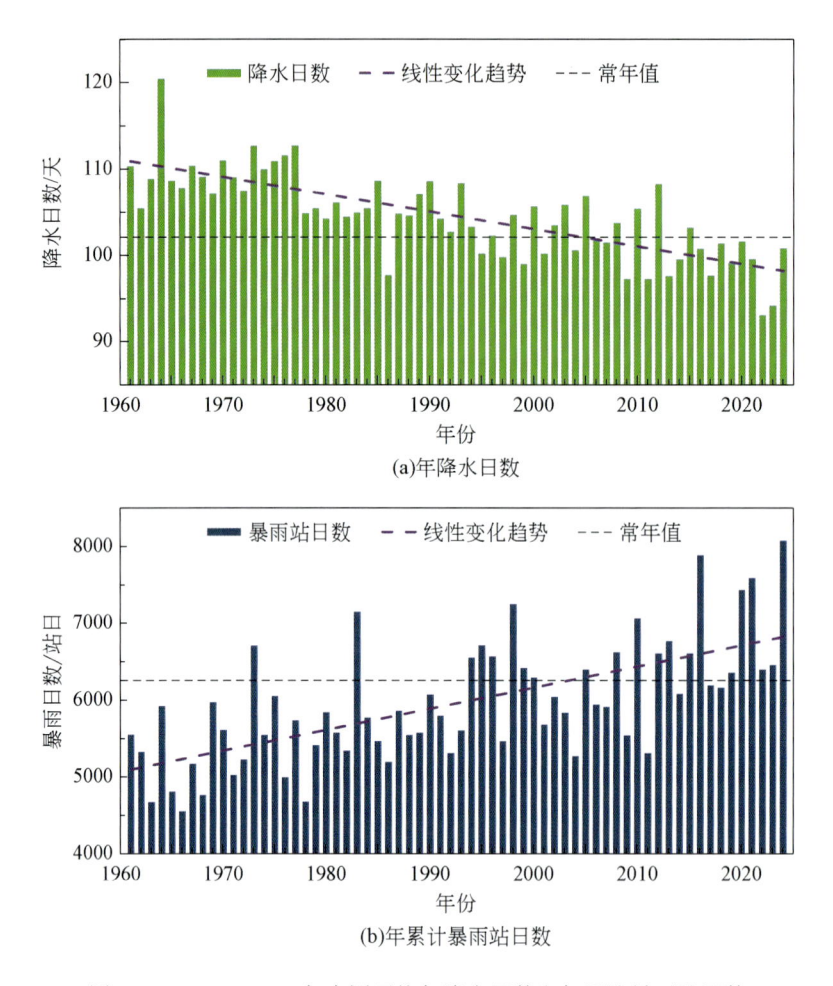

图 1.13　1961~2024 年中国平均年降水日数和年累计暴雨站日数

Figure 1.13　(a) Annual rainy days and (b) annual accumulated days of rainstorm in China from 1961 to 2024

1.2.4　其他要素

（1）相对湿度

1961~2024 年，中国平均相对湿度总体无明显趋势性变化，但较短期的阶段性变化特征明显：20 世纪 60 年代中期至 80 年代后期相对湿度偏低，1989~2003 年以偏高为主，2004~2014 年总体偏低，2015 年以来波动回升（图 1.14）。2024 年，中国平均相对湿度较常年值偏高 1.1%，为 1961 年以来第五高值。

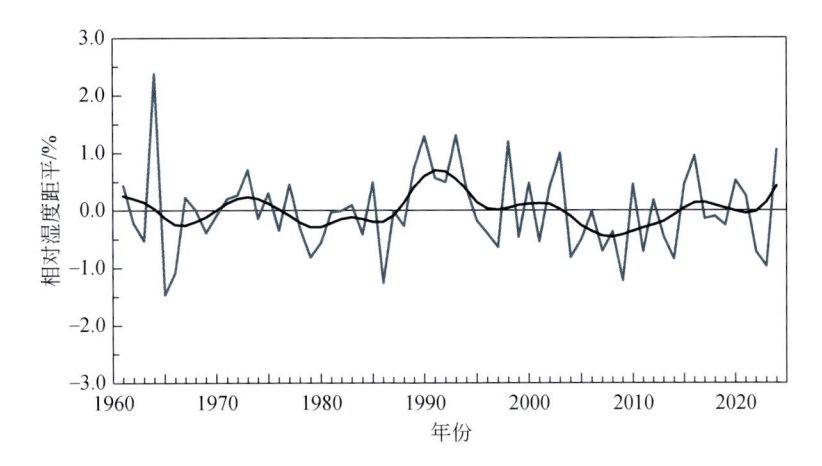

图 1.14　1961～2024 年中国平均相对湿度距平

Figure 1.14　Average relative humidity anomalies in China from 1961 to 2024

（2）风速

1961～2024 年，中国平均风速总体呈减小趋势（图 1.15），平均每 10 年减小 0.13 m/s。20 世纪 60 年代至 90 年代末期为持续正距平，之后转入负距平；但 2015 年以来出现小幅回升。2024 年，中国平均风速较常年值偏大 0.04 m/s。

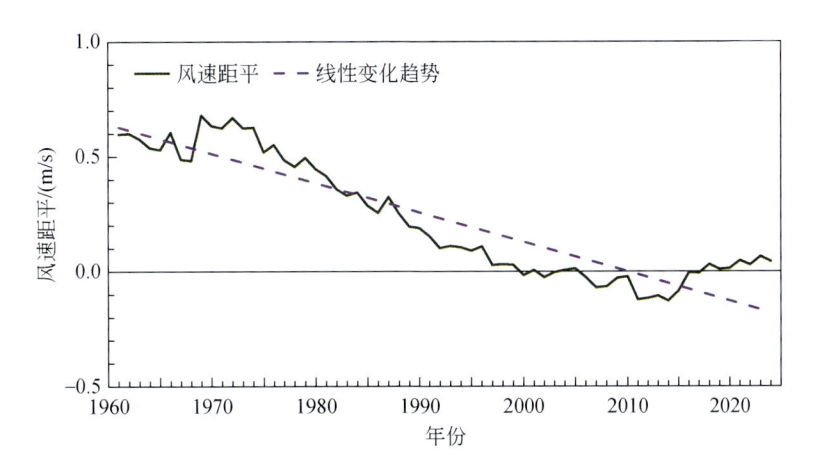

图 1.15　1961～2024 年中国平均风速距平

Figure 1.15　Average wind speed anomalies in China from 1961 to 2024

（3）日照时数

1961～2024年，中国平均年日照时数呈现显著减少趋势，平均每10年减少24.0 h；2018年之后波动中缓升。2024年，中国平均年日照时数为2480.4 h，与常年值基本持平（图1.16）。

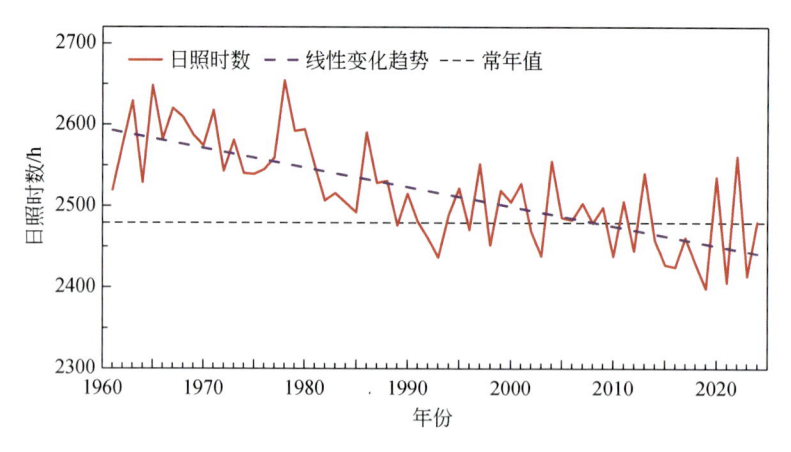

图1.16　1961～2024年中国平均年日照时数

Figure 1.16　Average sunshine duration in China from 1961 to 2024

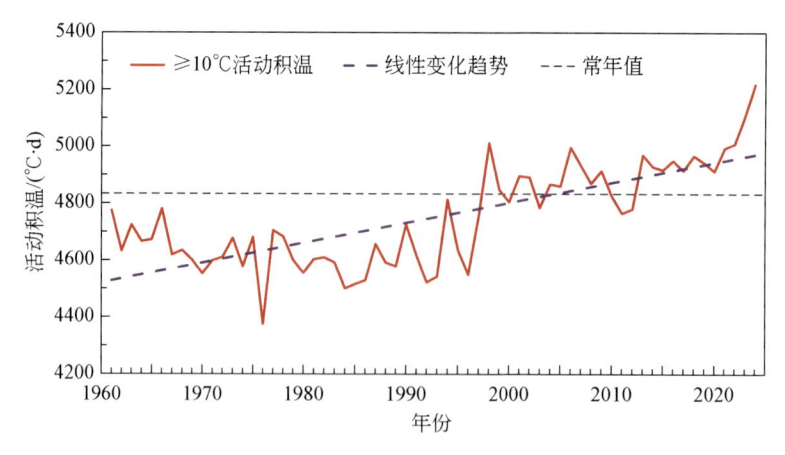

（4）积温

1961～2024年，中国平均≥10℃的年活动积温呈显著增加趋势，平均每10年增加70.4℃·d；1997年以来，中国平均≥10℃的年活动积温持续偏多（图1.17）。2024年，中国平均≥10℃的年活动积温为5219.4℃·d，较常年值偏多8.0%，为1961年以来的最高值。

图1.17　1961～2024年中国平均≥10℃的年活动积温

Figure 1.17　Average annual active accumulated temperature of ≥10℃ in China from 1961 to 2024

2024年，全国大部地区≥10℃活动积温较常年值偏多（图1.18）。华北南部、华东大部、华中地区、华南北部、西南地区中东部、西北地区中部和东南部、青藏地区西北部偏多400～600℃·d，山西南部、山东中南部、安徽西北部、河南东部、湖北南部、重庆中西部的部分地区偏多600℃·d以上。

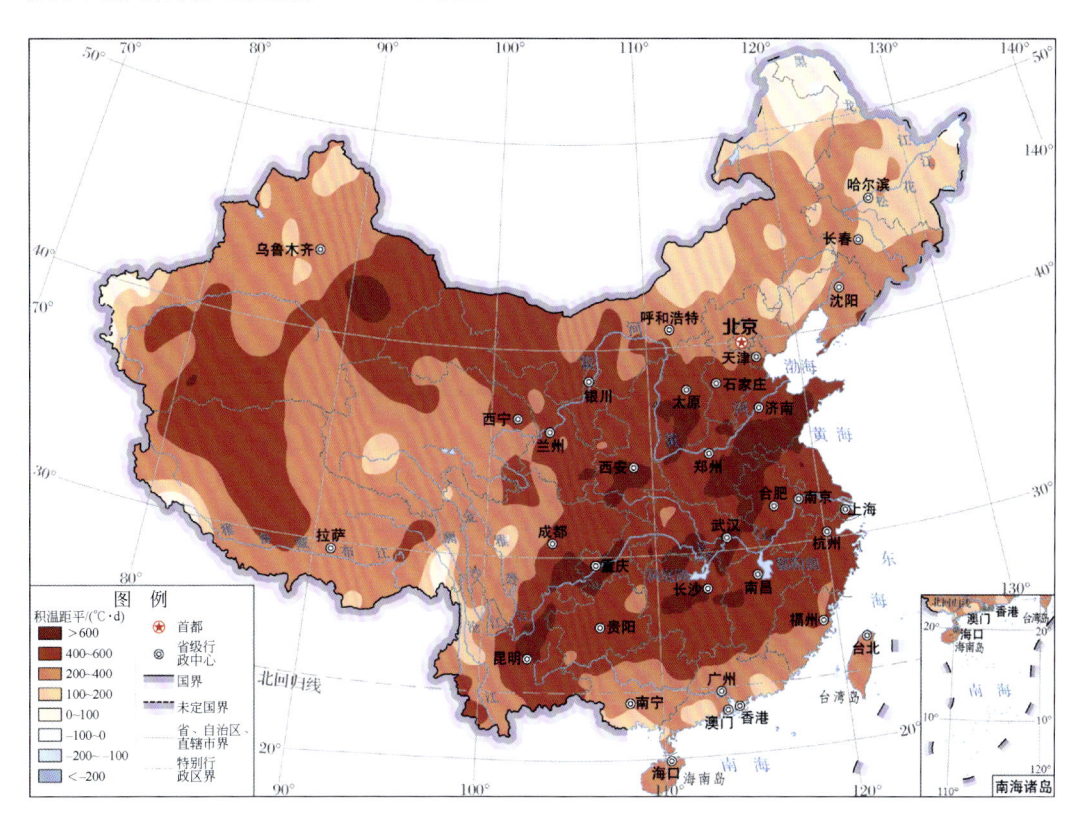

图1.18 2024年中国≥10℃活动积温距平分布

Figure 1.18 Distribution of anomalies of the active accumulated temperature of ≥10℃ in China in 2024

1.3 中国极端天气气候事件

1.3.1 极端气温

1961～2024年，中国平均年暖昼日数呈增多趋势[图1.19（a）]，平均每10年增加6.9天，尤其在20世纪90年代中期以来增加更为明显。2024年，中国平均年暖昼日数

1.3.2 极端降水

1961~2024 年，中国极端日降水量事件频次呈增加趋势（图 1.21），平均每 10 年增多 20 站日。2024 年，中国共发生极端日降水量事件 411 站日，较常年值偏多 149 站日；其中，海南珊瑚（629.3 mm）、广东斗门（395.6 mm）、河南社旗（384.7 mm）、安徽砀山（380.2 mm）等共计 70 站日降水量突破历史极值。

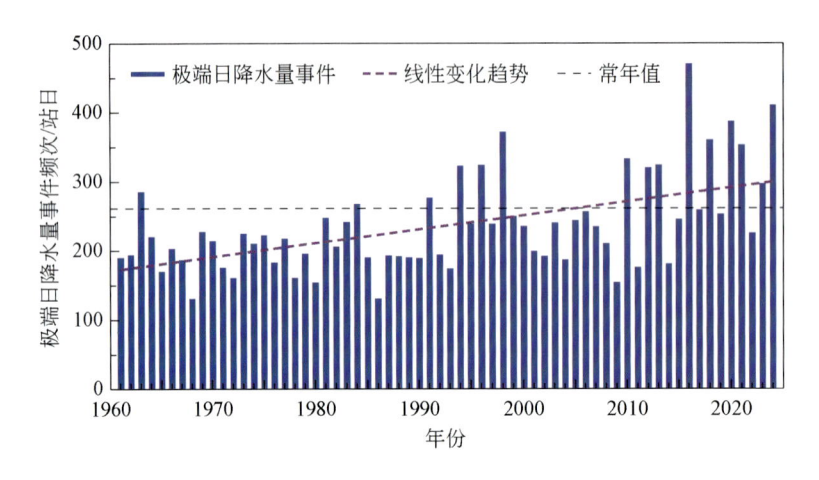

图 1.21　1961~2024 年中国极端日降水量事件频次

Figure 1.21　Frequency of extreme daily precipitation events in China from 1961 to 2024

1.3.3 区域性气象干旱

1961~2024 年，中国共发生了 199 次区域性气象干旱事件（图 1.22），其中极端干旱事件 17 次、严重干旱事件 44 次、中度干旱事件 82 次、轻度干旱事件 56 次。1961 年以来，区域性干旱事件频次呈微弱上升趋势，并且具有明显的年代际变化特征：20 世纪 70 年代后期至 80 年代区域性气象干旱事件偏多，90 年代偏少，2003~2008 年阶段性偏多；2009 年以来频次以偏少为主，但极端性增强。2024 年，中国共发生 4 次区域性气象干旱事件，频次略高于常年，整体旱情较轻；川渝地区年初 1 月发生干旱，重庆旱情明显；西南地区遭遇冬春连旱，云南旱情较为严重；黄淮平原春末夏伏期发生干旱，高温干旱复合灾害特征明显；川渝地区及长江流域发生夏秋连旱，四川盆地旱情尤为突出。

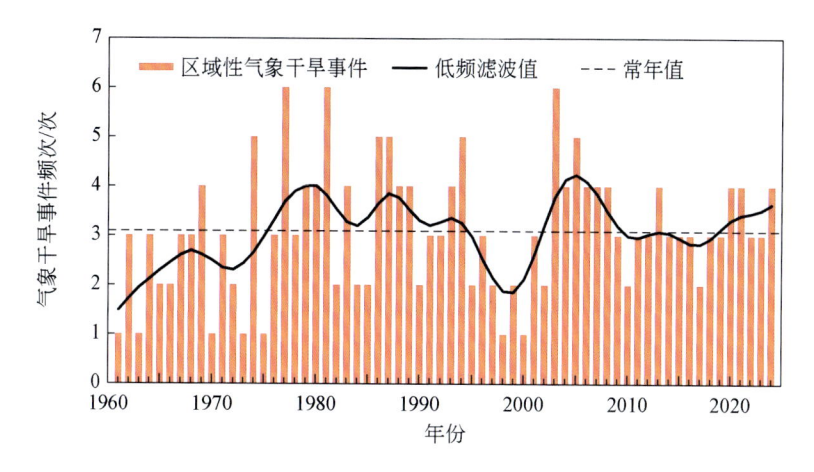

图 1.22　1961～2024 年中国区域性气象干旱事件频次

Figure 1.22　Frequency of regional meteorological drought events in China from 1961 to 2024

1.3.4　台风

1949～2024 年，西北太平洋和南海生成台风（中心风力≥8 级）个数呈减少趋势，同时表现出明显的年代际变化特征，20 世纪 90 年代中后期以来总体处于台风活动偏少的年代际背景下（图 1.23）。2024 年，西北太平洋和南海台风生成个数为 26 个，较常年偏多 0.9 个。

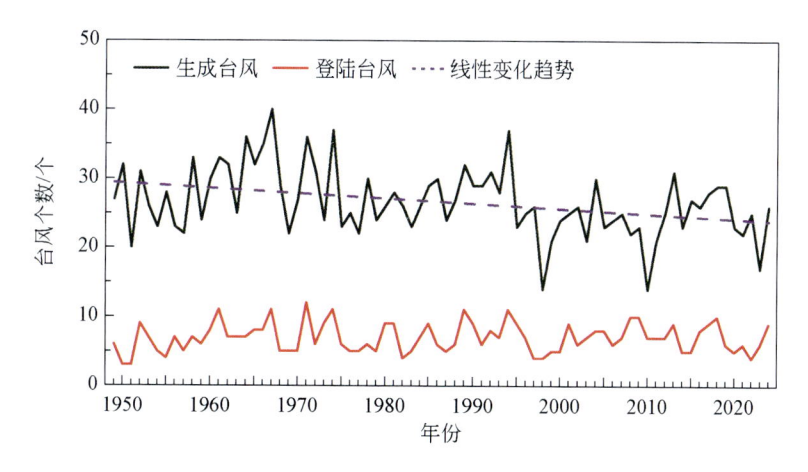

图 1.23　1949～2024 年西北太平洋和南海生成及登陆中国台风个数

Figure 1.23　Number of typhoons generated in the Northwest Pacific and the South China Sea and landfall typhoons in China from 1949 to 2024

1949~2024年，登陆中国的台风（中心风力≥8级）个数呈弱的增多趋势，但线性趋势并不显著；年际变化大，最多年达12个（1971年），最少年仅有3个（1950年和1951年）（图1.23）。1949~2024年，登陆中国台风比例呈增加趋势（图1.24），尤其是2000~2010年最为明显，2010年的台风登陆比例（50%）最高。2024年，登陆中国的台风有9个，较常年值偏多1.8个；登陆比例为34.6%，较常年值偏高5.5%。

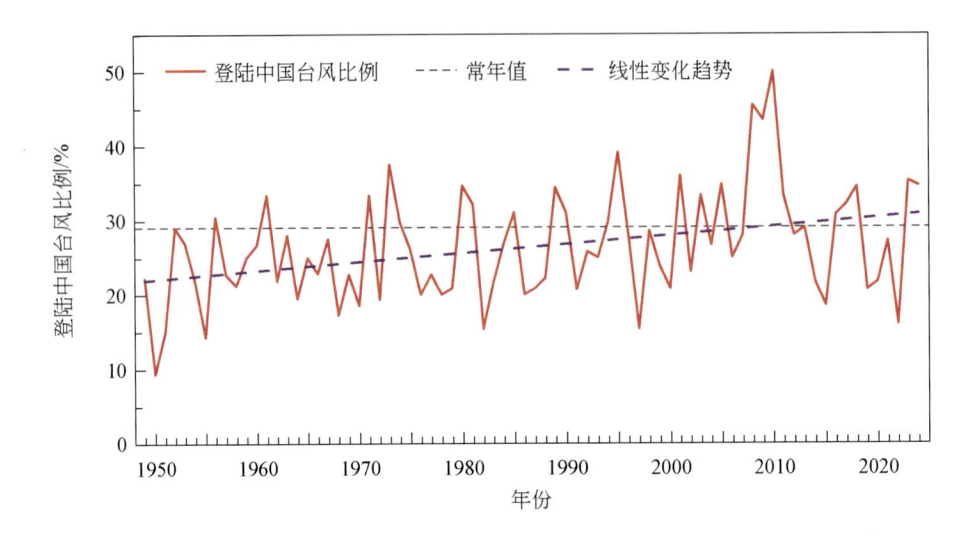

图1.24 1949~2024年登陆中国台风比例变化

Figure 1.24 Changes in proportional of typhoons landing in China from 1949 to 2024

1961~2024年，登陆中国台风（中心风力≥8级）的平均强度（以台风中心最大风速来表征）线性趋势不明显，主要表现出明显的年代际变化（图1.25），其中20世纪60~70年代中期表现为偏强特征，90年代后期以来波动增强。2024年，登陆中国台风平均强度为12级（平均风速36.7 m/s），较常年值（11级，31.2 m/s）偏强。秋季台风活跃且极端性强，季内共有6个台风登陆。其中"摩羯"为登陆我国的最强秋季台风（9月6日登陆海南文昌时台风中心附近最大风速达62 m/s），长时间以超强台风风力影响海南、广东和广西等地，对电网系统、交通运输、农业生产、居民生活等造成严重影响。

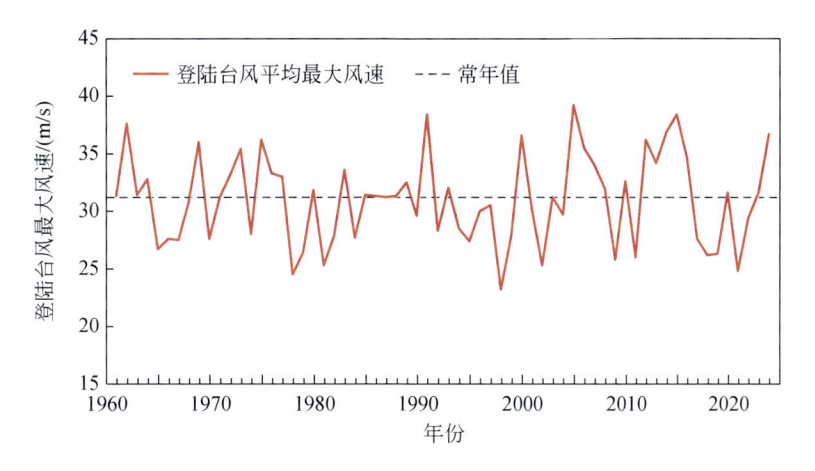

图 1.25　1961～2024 年登陆中国台风平均最大风速变化

Figure 1.25　Changes in average maximum wind speed of typhoons landing in China from 1961 to 2024

1.3.5　沙尘与酸雨

（1）沙尘

1961～2024 年，中国北方地区平均沙尘（扬沙以上）日数呈明显减少趋势，平均每 10 年减少 2.9 天。2002 年之前，中国北方地区平均沙尘日数明显偏多，其中 20 世纪 80 年代前沙尘日数较常年值偏多达 20 天；2003 年之后转入沙尘日数偏少阶段，2013 年达最低值后略有回升（图 1.26）。2024 年，中国北方地区平均沙尘日数为 8.1 天，较常年值偏多 1.5 天。

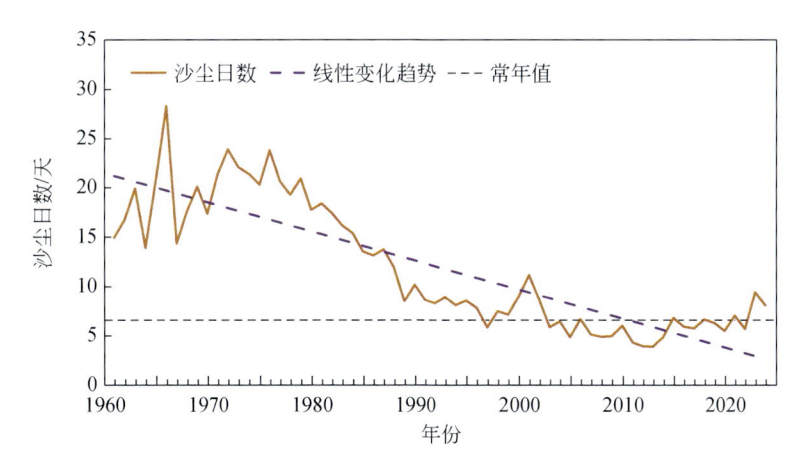

图 1.26　1961～2024 年中国北方地区沙尘日数

Figure 1.26　Changes in the number of sand-dust days in northern China from 1961 to 2024

（2）酸雨

1992～2024 年，中国酸雨状况（降水 pH 低于 5.60）经历了"改善—加重—再次改善"的阶段性变化过程，总体呈减弱、减少趋势。1992～2000 年为酸雨改善期；2001～2007 年酸雨污染加重；2008 年以来酸雨状况再度改善，近几年趋势近于平缓（图 1.27）。2024 年，中国酸雨污染较轻，中国气象局 74 个酸雨站年平均降水 pH 为 5.78；全国年平均酸雨频率和年平均强酸雨（降水 pH 低于 4.50）频率分别为 27.8%和 3.1%。综合分析显示，我国二氧化硫排放量的增减变化是影响酸雨污染长期变化趋势的主控因子，2010 年以来氮氧化物排放量的逐年下降也对近年来酸雨污染的改善有较明显贡献（Shi et al., 2014）。

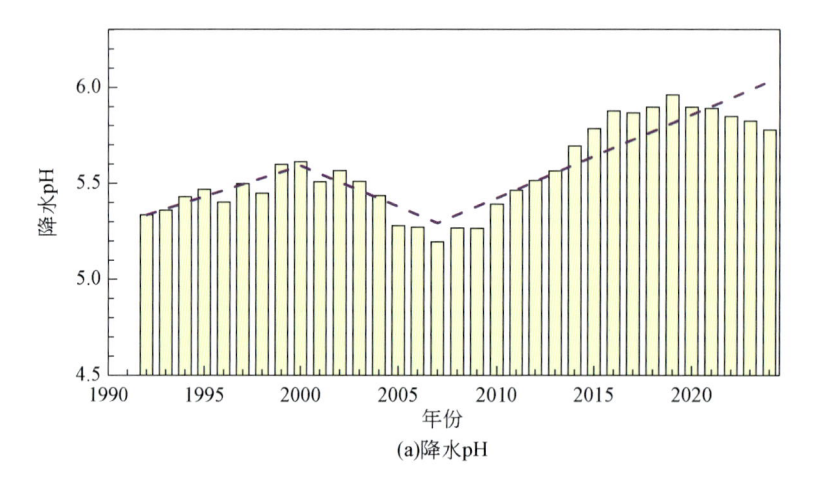

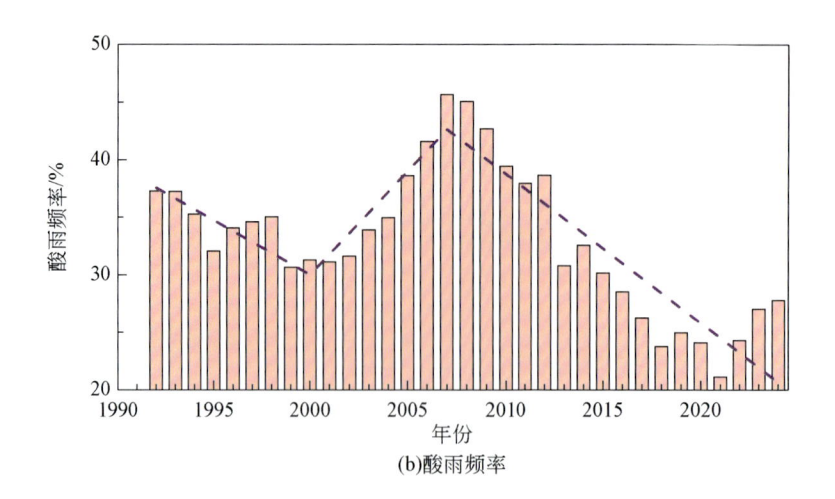

(a)降水pH

(b)酸雨频率

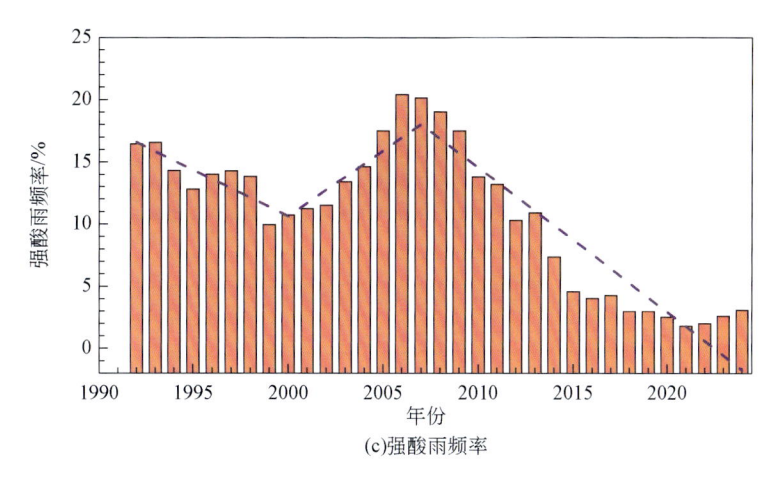

图 1.27　1992~2024 年中国平均降水 pH、酸雨频率和强酸雨频率变化
点线为线性趋势线

Figure 1.27　Changes in annual average (a) precipitation pH value, (b) acid rain frequency and (c) severe acid rain frequency in China from 1992 to 2024

The dashed lines stand for the linear trend

2024 年，酸雨区（降水 pH 低于 5.60）范围主要分布于江南、华南以及西南地区南部（图 1.28），其中江西西南部和东南部、湖南东北部和南部、广东北部和西部、广西东部年平均降水 pH 低于 5.00，酸雨污染较明显。

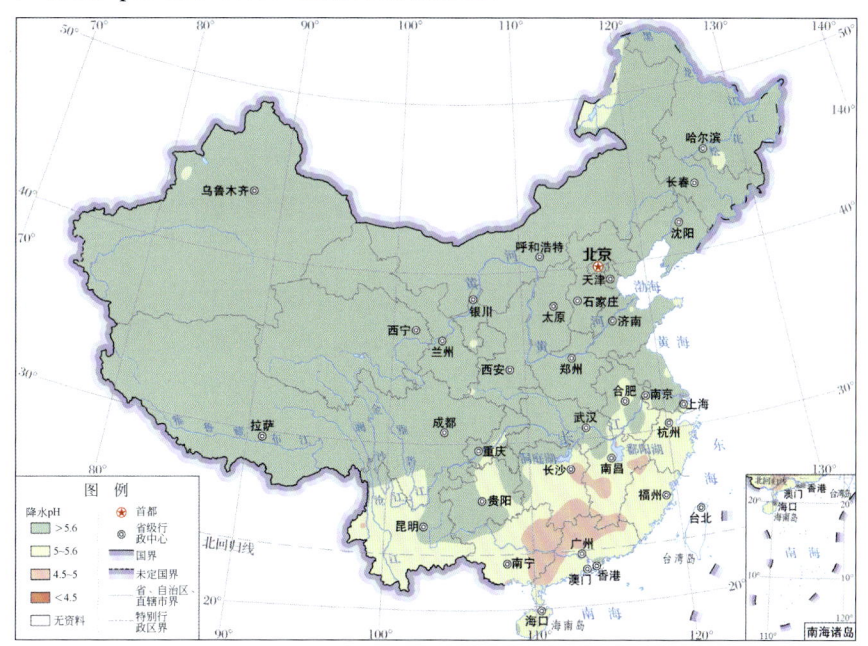

图 1.28　2024 年中国降水 pH 分布

Figure 1.28　Distribution of average precipitation pH values in China in 2024

1.3.6 中国气候风险指数

1961~2024 年，中国气候风险指数（Wang et al.，2018）呈升高趋势，且阶段性变化明显。20 世纪 60~70 年代后期气候风险指数呈下降趋势，70 年代末出现趋势转折，之后波动上升，90 年代中期以来气候风险指数明显偏高（图 1.29）。

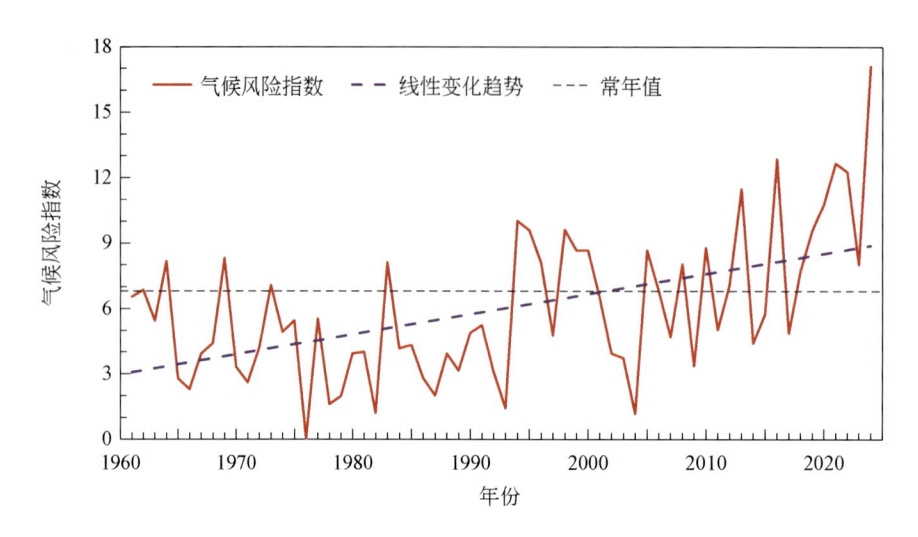

图 1.29　1961~2024 年中国气候风险指数变化

Figure 1.29　Changes in climate risk index of China from 1961 to 2024

2024 年，中国气候风险指数为 17.1，属强等级，较常年值偏高 10.3，为 1961 年以来最高值；其中，雨涝风险指数为 1961 年以来最高值，高温风险指数为 1961 年以来的第二高值，仅次于 2022 年。

1.4　大　气　环　流

1.4.1　东亚季风

中国中东部处于东亚季风区，天气气候受到东亚季风活动的影响。东亚冬季主要盛行偏北风气流，夏季则以偏南风气流为主（丁一汇，2013）。1961~2024 年，东亚冬季风表现出显著的年代际变化特征 [图 1.30（a）]。20 世纪 80 年代中期以前，东亚冬季风主要表现为偏强的特征；而1987~2004年东亚冬季风明显偏弱；2005年以来呈波动性增强。2024年，东亚冬季风强度指数（朱艳峰，2008）为–0.11，强度接近常年。

1961~2024年，东亚夏季风强度总体上呈现减弱趋势，并表现出"强—弱—强"的年代际波动特征［图1.30（b）］。20世纪60年代初至70年代后期，东亚夏季风持续偏强；70年代末期到21世纪初，东亚夏季风在年代际时间尺度上总体呈现偏弱特征，之后开始增强。2024年，东亚夏季风强度指数（施能等，1996）为1.41，强度偏强。

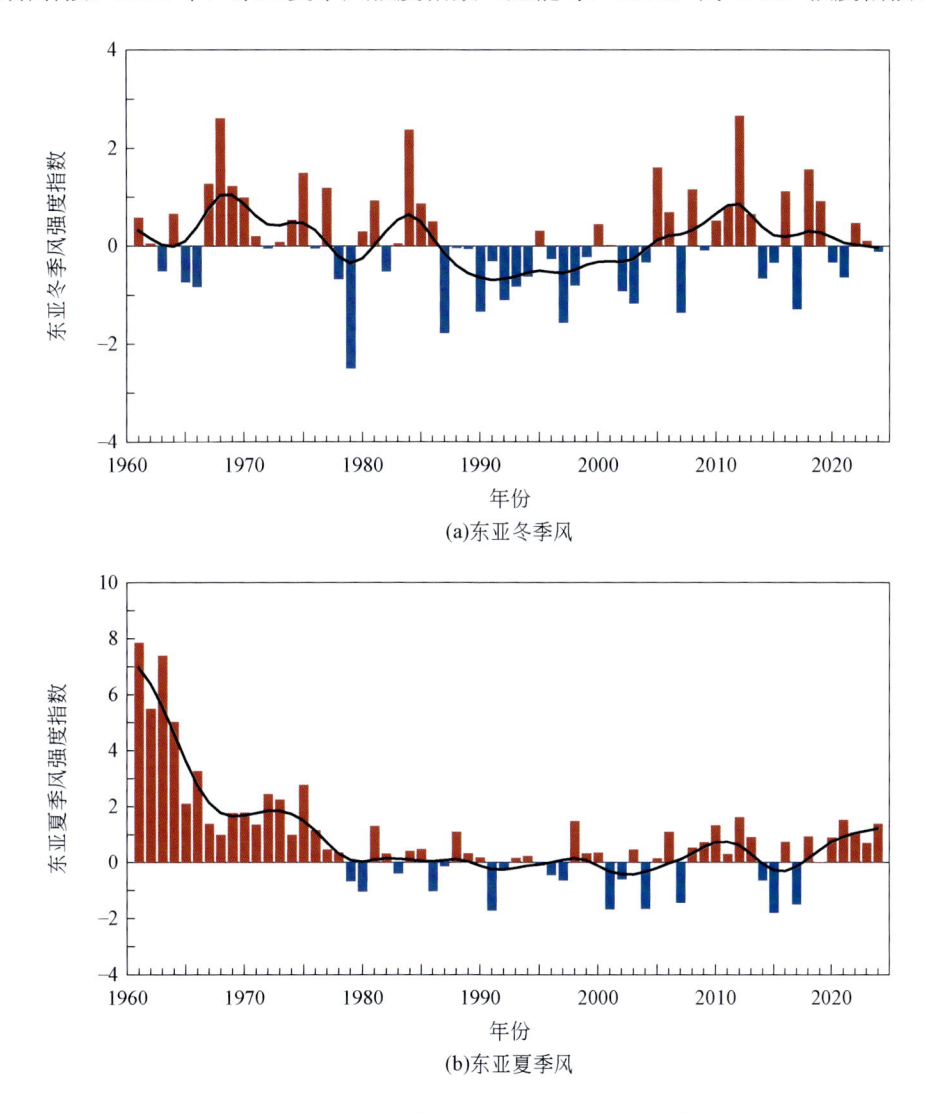

图1.30　1961~2024年东亚冬季风和夏季风强度指数

Figure 1.30　Changes in (a) strength indices of the East Asian winter monsoon and (b) summer monsoon from 1961 to 2024

1.4.2 南亚季风

1961～2024 年,南亚夏季风强度总体表现出减弱趋势,且年代际变化特征明显(图 1.31)。20 世纪 60～80 年代中期,南亚夏季风主要表现为偏强特征;80 年代后期至 21 世纪最初十年南亚夏季风呈明显减弱趋势;2011 年以来,南亚夏季风开始转为增强趋势,但相对于气候平均态仍然处于偏弱阶段。2024 年,南亚夏季风强度指数(Webster and Yang,1992)为 1.41,强度偏强。

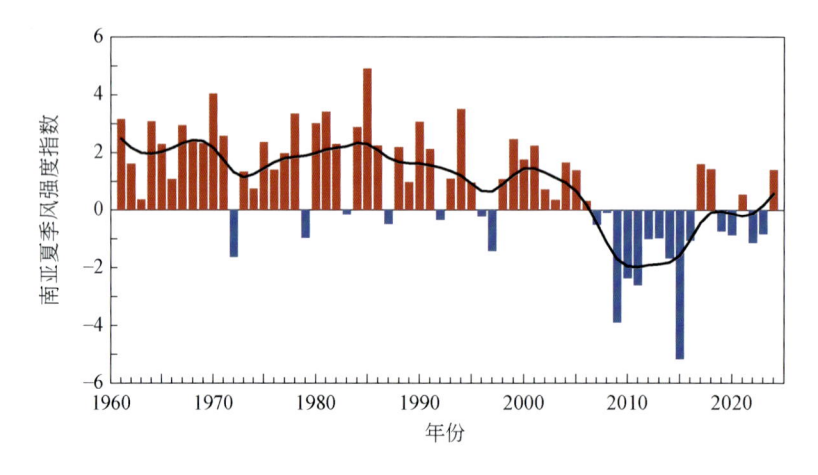

图 1.31　1961～2024 年南亚夏季风指数

Figure 1.31　Changes in the South Asian summer monsoon index from 1961 to 2024

1.4.3 西北太平洋副热带高压

西北太平洋副热带高压是东亚大气环流的重要成员之一,其活动具有显著的年际和年代际变化特征,位置与强度变化直接影响中国及东亚天气和气候变化(龚道溢和何学兆,2002;刘芸芸等,2014)。1961～2024 年,夏季西北太平洋副热带高压总体上呈现面积增大、强度增强、西伸脊点位置西扩(指数为负值)的趋势(图 1.32)。20 世纪 60 年代至 70 年代末,西北太平洋副热带高压面积偏小、强度偏弱、西伸脊点位置偏东;20 世纪 80 年代至 21 世纪初期,主要表现为年际波动;2010 年以来,西北太平洋副热带高压处于强度偏强、面积偏大和西伸脊点位置偏西的年代际背景下。2024 年,夏季西北太平洋副热带高压面积异常偏大、强度异常偏强、西伸脊点位置异常偏西,面积指数和强度指数为 1961 年以来同期最高值,西伸脊点指数为 1961 年以来的最低值。

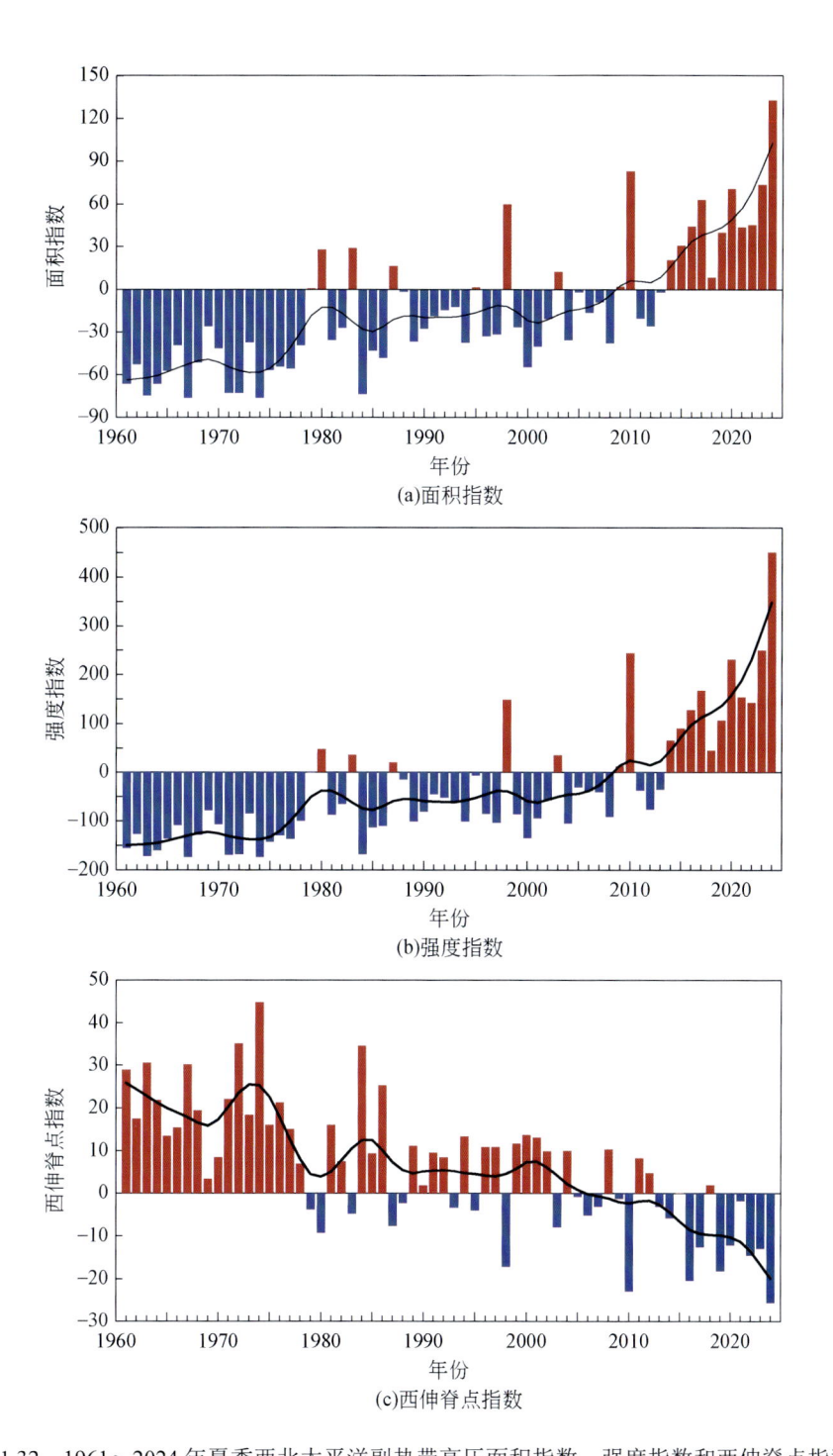

图 1.32　1961～2024 年夏季西北太平洋副热带高压面积指数、强度指数和西伸脊点指数

Figure 1.32　The Northwest Pacific subtropical high (a) area index, (b) intensity index and (c) western ridge point index in the summers of 1961–2024

1.4.4 北极涛动

北极涛动（Arctic Oscillation，AO）是北半球中纬度和高纬度地区平均气压此消彼长的一种现象，其对北半球中高纬度地区的天气和气候具有重要影响（Thompson and Wallace，1998），尤以对冬季影响最为显著。1961～2024年，冬季北极涛动指数年代际波动特征明显（图1.33），20世纪60年代初至80年代后期，北极涛动指数总体处于负位相阶段，而80年代末至90年代，总体以正位相为主；2001～2013年，总体表现出负位相特征，且年际波动较大；2014年以来，转入以正位相为主阶段。2024年，冬季北极涛动指数为0.01，趋于常年平均值。

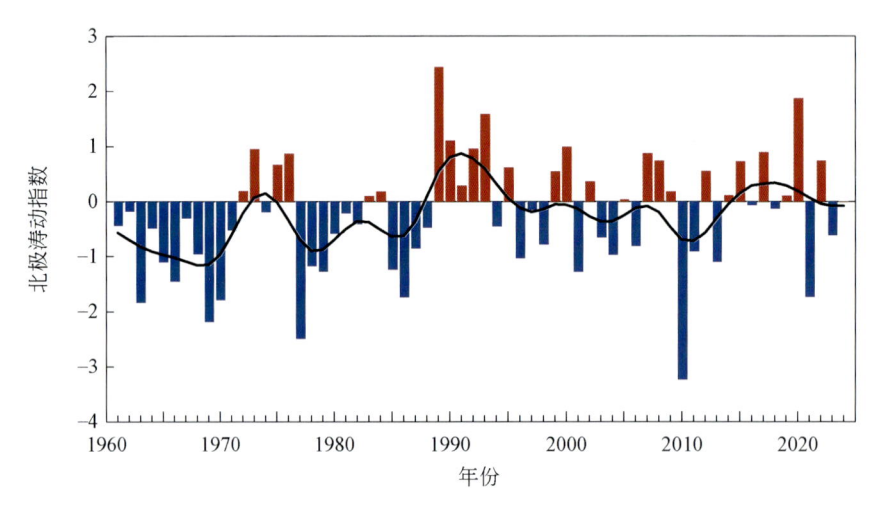

图 1.33　1961～2024 年冬季北极涛动指数

Figure 1.33　Changes in the Arctic Oscillation index in the winters of 1961–2024

第2章 水　圈

　　水圈是地球表层由水体构成的系统，包括海洋、湖泊、河流、地下水及岩层中的水等。海洋和陆地的淡水通过蒸发或蒸散，以水汽的形式进入大气圈，水汽经大气环流输送到陆地或海洋上空、凝结后降落至陆地表面或海面，降落于陆面的水部分被生物吸收，部分入渗形成土壤水、下渗为地下水，部分形成地表径流。水在循环过程中不断释放或吸收热能，是气候系统各大圈层间能量和物质交换的主要载体，并为地球表层的各种系统提供必需的水源。

　　水资源指地表和地下可供人类利用又可更新的淡水。全球淡水储量占地球系统中水总储量的 2.5%，是维持自然生态系统和社会经济发展不可缺少的自然资源。地表水资源总量、湖泊水体面积与水位、地下水水位等是监测陆地水循环变化的关键指标。海洋占地球表面积的 71%，储存了地球系统中 97%的水，吸收了 20%~30%人类活动排放的CO_2，储存了约 93%的气候系统净能量盈余，是大气主要的热源和水汽源地。海表温度、海洋热含量、海平面高度和海洋 pH 均是表征气候变化的核心指标，同时厄尔尼诺/拉尼娜、太平洋年代际振荡、北大西洋年代际振荡等行星尺度海–气相互作用的显著年际、年代际变率信号，不仅对大气环流和气候产生直接影响，而且对全球和区域的自然生态系统和社会经济系统都有重要的影响。

2.1　海洋

2.1.1　海表温度

（1）全球海表温度

1870~2024 年，全球年平均海表温度（Rayner et al.，2003）呈显著升高趋势，并伴随年代际变化特征（图 2.1）。20 世纪 90 年代之前全球年平均海表温度较常年值偏低，21 世纪初以来海表温度以偏高为主。2024 年，全球平均海表温度比常年值偏高 0.39℃，为 1870 年以来的最高值。

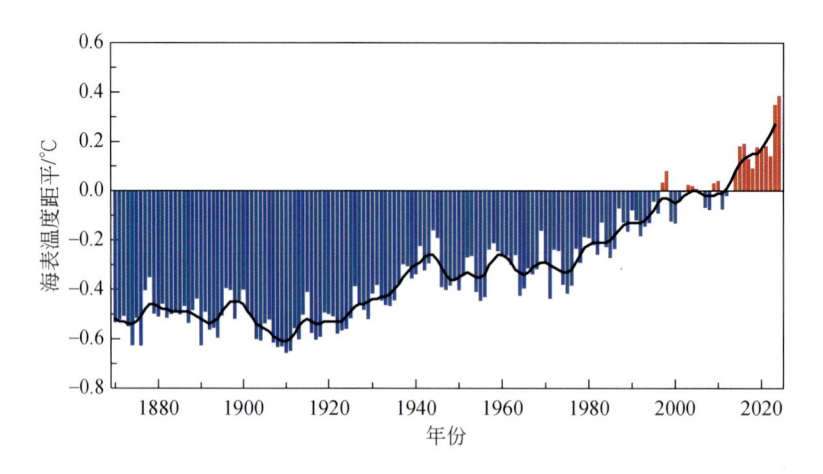

图 2.1　1870～2024 年全球年平均海表温度距平

资料来源：英国气象局哈德莱中心

Figure 2.1　Global annual mean sea surface temperature anomalies (SSTA) from 1870 to 2024

Data source: United Kingdom Met Office Hadley Centre

2024 年，全球大部分海域海表温度较常年值偏高，热带、副热带西太平洋和北太平洋大部、中纬度西南太平洋、热带和副热带印度洋大部、热带和北大西洋大部、拉普捷夫海和波弗特海海表温度偏高 0.5℃以上，其中北太平洋西南部、北大西洋中部超过 1.0℃，局部地区超过 1.5℃。而格陵兰海西南部、南美西海岸、环南极部分海域海表温度较常年值偏低（图 2.2）。

（2）关键海区海表温度

厄尔尼诺/拉尼娜事件是赤道中东太平洋海表大范围持续异常偏暖/冷的现象，是气候系统年际变率中的最强信号。1951～2024 年，赤道中东太平洋 Niño3.4 海区（5°S～5°N，120°W～170°W）海表温度有明显的年际变化特征（图 2.3）。根据《厄尔尼诺/拉尼娜事件判别方法》（全国气候与气候变化标准化技术委员会，2017），1951～2024 年，赤道中东太平洋共发生了 22 次厄尔尼诺和 17 次拉尼娜事件。2023 年 5 月开始的中等强度厄尔尼诺事件持续至 2024 年 4 月，随后赤道中东太平洋海表温度进入中性偏暖状态，海温缓慢下降；8～11 月，赤道中东太平洋冷水缓慢发展；12 月，Niño3.4 区冷水快速发展，海温指数降至−0.66℃，进入拉尼娜状态。

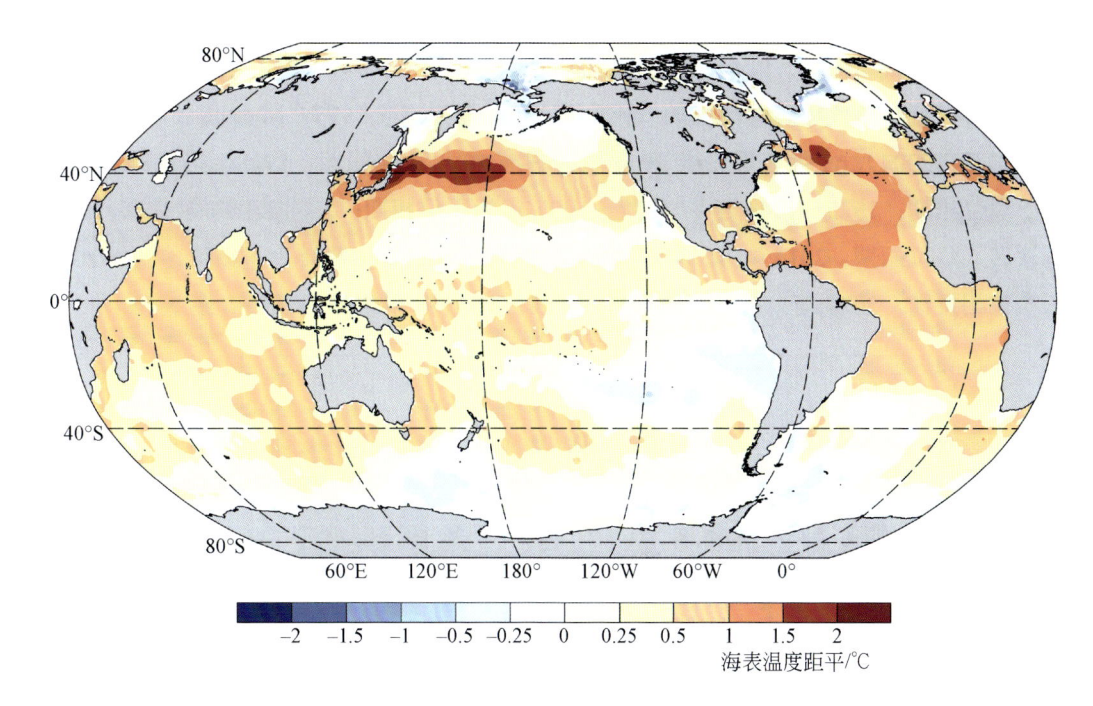

图 2.2　2024 年全球海表温度距平分布

Figure 2.2　Distribution of global mean SSTA in 2024

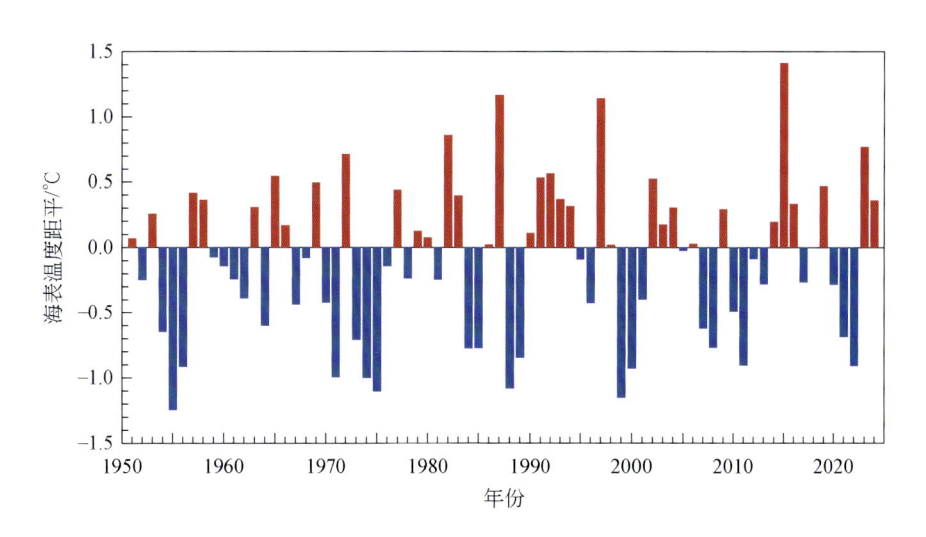

图 2.3　1951～2024 年赤道中东太平洋（Niño3.4 指数）年平均海表温度距平

Figure 2.3　Annual mean SSTA in the equatorial central and eastern Pacific (Niño3.4 index) from 1951 to 2024

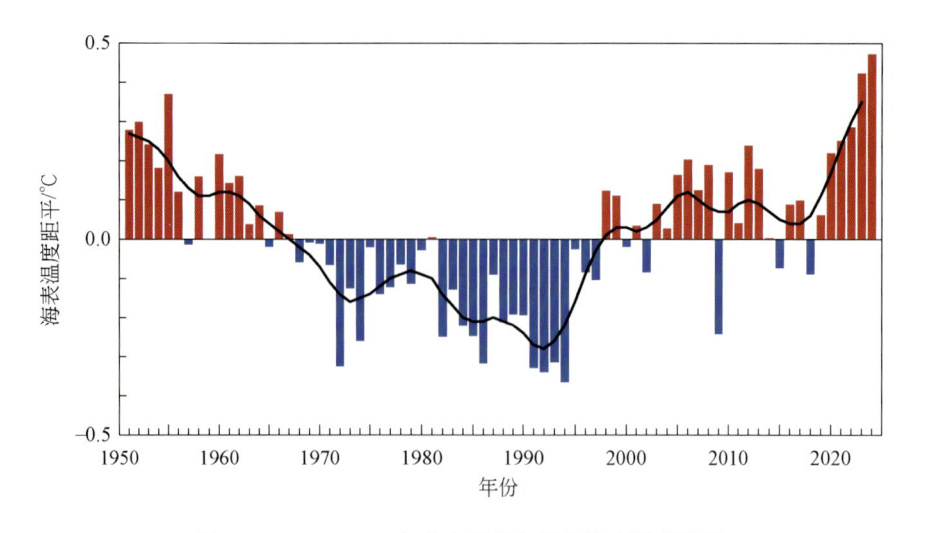

图 2.6　1951～2024 年北大西洋年平均海表温度距平

Figure 2.6　Annual mean SSTA in the North Atlantic from 1951 to 2024

2.1.2　海洋热含量

海洋热含量（Ocean Heat Content，OHC）是表征气候变化的核心指标，其反映海洋水体热量变化，主要受海水温度变化影响。由于海水比热容较大，海洋在全球变暖驱动的气候系统能量储存中占主导地位（Rhein et al.，2013；Cheng et al.，2019）。且相对于陆表和大气圈层中的气候指标，海洋热含量受厄尔尼诺等气候系统自然变率和天气过程扰动的影响较小（Cheng et al.，2017），为此全球海洋热含量是表征气候变化较为稳健的指针。

海洋热含量监测主要基于海洋温度观测数据（Abraham et al.，2013）。海洋数据分析显示，1958～2024 年，全球海洋热含量（上层 2000 m）呈显著增加趋势，增加速率为 $6.4×10^{22}$ J/10a。海洋变暖在 20 世纪 90 年代后显著加速，1986～2024 年，全球海洋热含量增加速率为 $9.0×10^{22}$ J/10a（图 2.7），是 1958～1985 年增暖速率的 3 倍。2024 年，全球海洋热含量再创新高，较常年值偏高 $22×10^{22}$ J，比历史第二高年份（2023 年）高出 $1.6×10^{22}$ J；印度洋、热带大西洋及地中海、南大洋的热含量均创历史新高。2015～2024 年是有现代海洋观测以来全球海洋最暖的 10 个年份（Cheng et al.，2025）。

2024 年，全球大部分海域热含量较常年值偏高，南大洋（30°S 以南）、西太平洋（30°S～40°N）是偏高最为明显的海区（图 2.8）。南大洋和大西洋大幅偏暖主要是因为其背景大洋环流将表层热量输送至深层，且有较强的垂向混合（Meredith et al.，2019）。1960～2024 年，0～300 m、300～700 m、700～2000 m 和 2000 m 以下的海洋分别存储

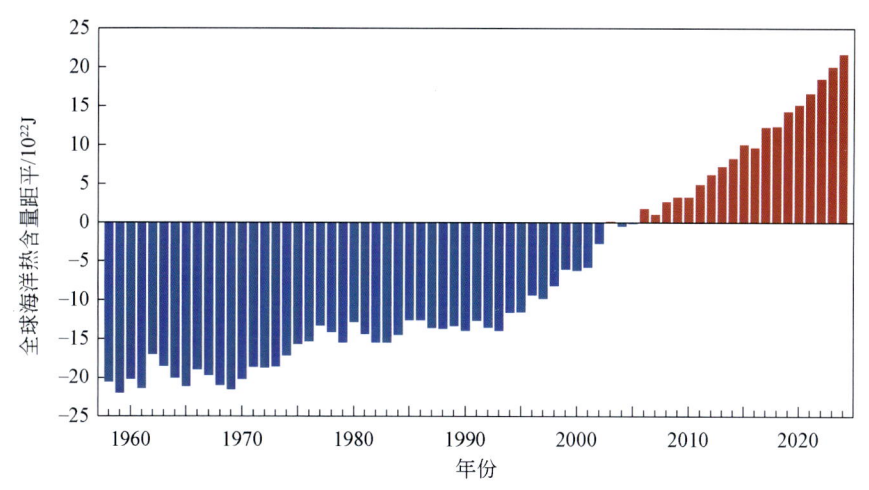

了全球海洋 42%、22%、29%和 7%的热量（Cheng et al.，2025）。

图 2.7　1958～2024 年全球海洋热含量（上层 2000 m）距平变化

资料来源：中国科学院大气物理研究所

Figure 2.7　Variation of global ocean heat content (upper 2,000 m) anomalies from 1958 to 2024

Data source: Institute of Atmospheric Physics，Chinese Academy of Sciences

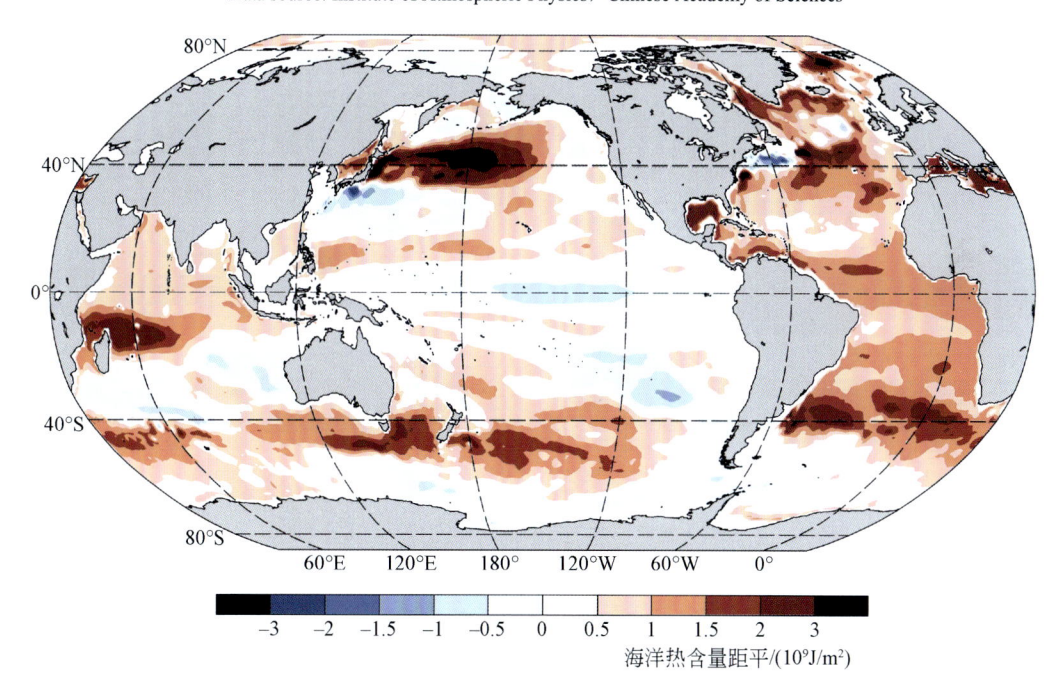

图 2.8　2024 年全球海洋热含量（上层 2000 m）距平分布

资料来源：中国科学院大气物理研究所

Figure 2.8　Distribution of global ocean heat content (upper 2,000 m) anomalies in 2024

Data source: Institute of Atmospheric Physics, Chinese Academy of Sciences

2.1.3 海洋盐度

盐度是海水的核心物理特性之一，其和温度共同决定了海水密度，是大洋环流的重要驱动力。同时，降水和蒸发使淡水在海洋和大气之间转移，直接影响海水盐度变化：降水增加对应海水盐度降低、蒸发加剧则对应海水盐度增加。因而，海洋盐度被看作是大气水循环的一个指针。在全球变暖驱动下，大气水循环加速，全球总体上发生了"干燥的区域变得更干，湿润的区域变得更湿"（即"干变干，湿变湿"）的水循环加速趋势（Held and Soden，2006）。水循环加速相应造成海洋盐度发生了"咸变咸、淡变淡"的趋势变化（Durack，2015），该趋势可用"盐度差"指数来进行度量，即用高盐度区域和低盐度区域的盐度差异来量化"咸变咸、淡变淡"的空间差异性变化（Cheng et al.，2020）。

海洋盐度监测主要基于海水盐度观测数据及其格点数据集。盐度数据分析显示，1960~2024 年，全球海洋（上层 2000 m）的高–低盐度差异呈显著增加趋势，其间全球海洋盐度差指数增大了 1.6%。2024 年，全球海洋盐度差指数距平为 3.15×10^{-3} g/kg（图2.9），反映了持续的"咸变咸、淡变淡"的盐度变化趋势。

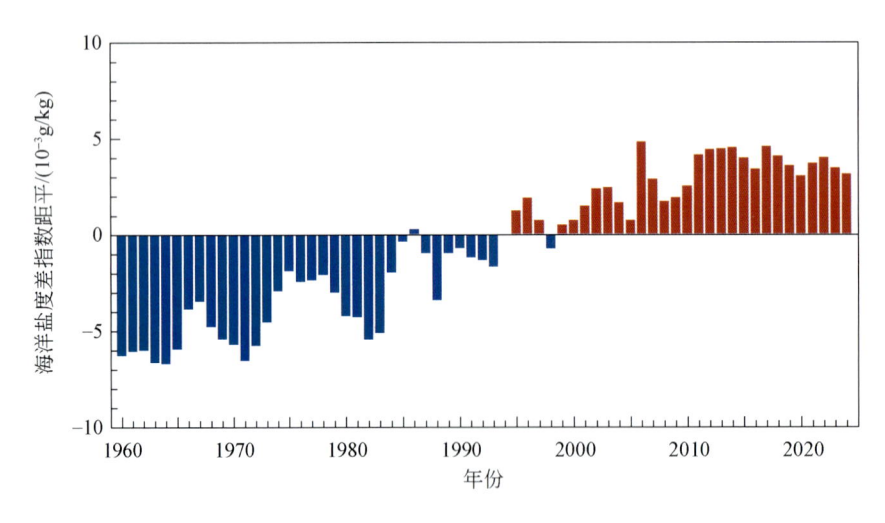

图 2.9　1960~2024 年全球海洋盐度差指数（上层 2000 m）距平变化
资料来源：中国科学院大气物理研究所

Figure 2.9　Variation of global ocean salinity-contrast (upper 2,000 m) anomalies from 1960 to 2024
Data source: Institute of Atmospheric Physics, Chinese Academy of Sciences

与常年相比，2024 年，盐度相对较低的太平洋在进一步变淡，西北太平洋、西南西太平洋、南印度洋等海域淡化最为明显（图 2.10）。与此同时，盐度相对较高的大西洋中低纬度海域显著变咸，海盆西边界区域信号最显著；北大西洋高纬海域显著变淡，可能与冰盖和海冰融化引起的淡水注入有关；而印度洋盐度距平则表现为东西相反的空间分布。

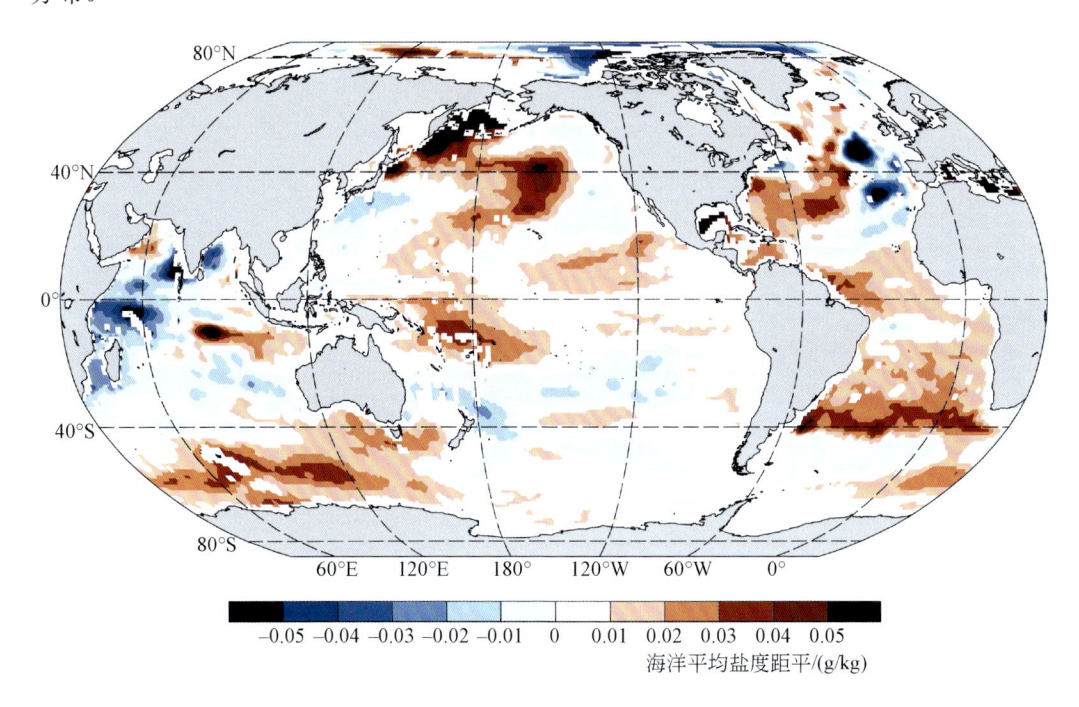

图 2.10　2024 年全球海洋（上层 2000 m）平均盐度距平分布

资料来源：中国科学院大气物理研究所

Figure 2.10　Distribution of global mean salinity (upper 2,000 m) anomalies in 2024

Data source: Institute of Atmospheric Physics, Chinese Academy of Sciences

海洋温盐变化对大洋环流、海洋生物地球化学过程有重要影响。高纬度温盐变化会改变海水密度，对大西洋经向翻转环流有关键调制作用，进而影响全球天气和气候；海洋温度和盐度变化的空间不均匀性会影响海洋层结稳定性，进而调节海洋垂向能量、物质、碳交换强度，影响海洋生态系统和渔业资源（Li et al.，2020；Cheng et al.，2025）。

2.1.4　海平面

气候变暖背景下，全球平均海平面呈持续上升趋势，海洋热膨胀、极地冰盖和山地冰川消融、陆地水储量变化是海平面上升的主要原因（Fox-Kemper et al.，2021）。全球验潮站和卫星高度计观测数据分析显示，1901～2018 年，全球平均海平面上升速率为 1.7 mm/a；1993～2024 年，上升速率为 3.5 mm/a；其中，1993～2002 年上升速率为 2.1 mm/a，2015～2024 年上升速率达到 4.7 mm/a。2024 年，全球平均海平面达到有卫星观测记录以来的最高位（WMO，2025）。

验潮站长期观测资料分析显示，1980～2024 年，中国沿海海平面变化总体呈加速上升趋势（图 2.11），上升速率为 3.5 mm/a；1993～2024 年，中国沿海海平面上升速率为 4.0 mm/a，高于同时段全球平均水平。2024 年，中国沿海海平面较 1993～2011 年平均值高 96 mm（中华人民共和国自然资源部，2025），比 2023 年高 24 mm，达 1980 年以来最高位。

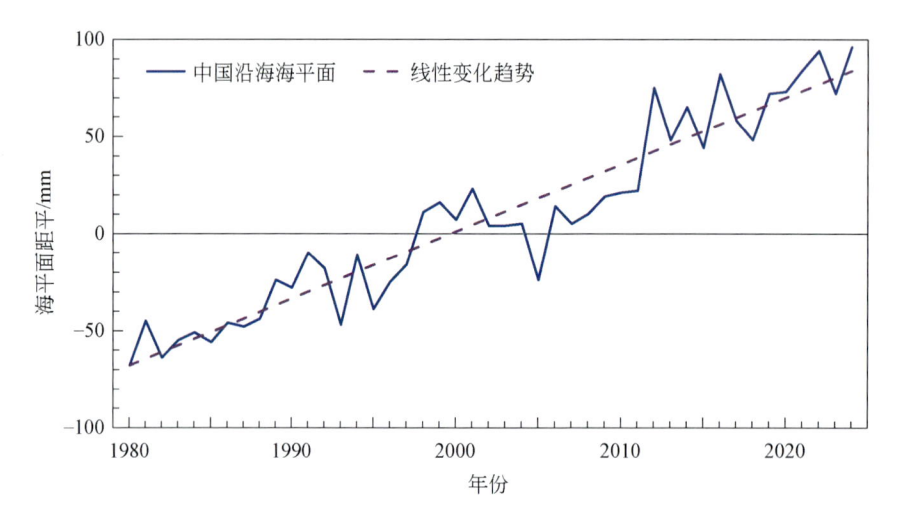

图 2.11　1980～2024 年中国沿海海平面距平（相对于 1993～2011 年平均值）

资料来源：国家海洋信息中心

Figure 2.11　The sea level anomalies (relative to the 1993–2011 average) along the coast of China from 1980 to 2024

Data source: National Marine Data and Information Service

香港维多利亚港验潮站监测表明，1954～2024 年，维多利亚港年平均海平面呈上升趋势，上升速率为 3.2 mm/a；海平面于 1990～1999 年出现急速上升期，2000～2008 年缓慢回落，2009 年以来维持高位。2024 年，维多利亚港海平面较 1993～2011 年平均值高 54 mm（图 2.12）。

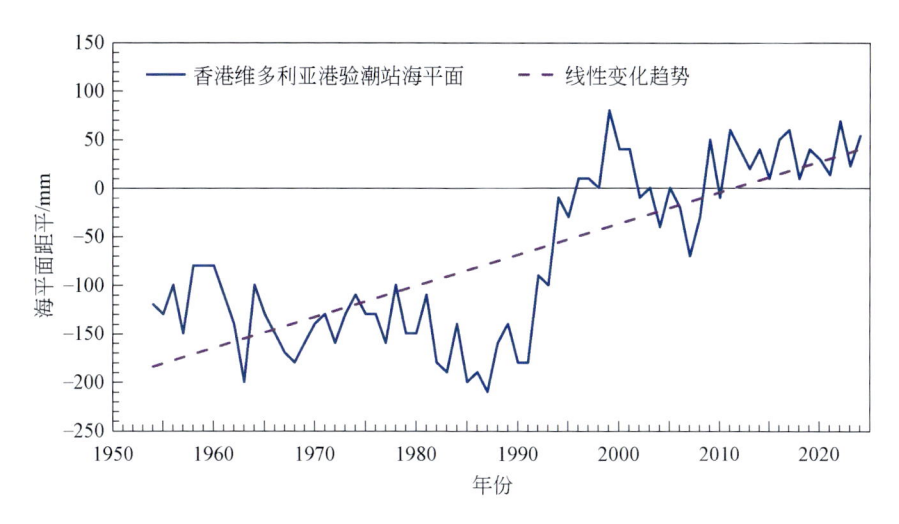

图 2.12　1954~2024 年香港维多利亚港海平面距平（相对于 1993~2011 年平均值）

资料来源：香港天文台

Figure 2.12　The sea level anomalies (relative to the 1993–2011 average) in the Hong Kong Victoria Harbor from 1954 to 2024

Data source: Hong Kong Observatory

2.2　陆地水

2.2.1　地表水资源量

1961~2024 年，中国地表水资源量年代际变化明显，20 世纪 90 年代中国地表水资源量以偏多为主，2003~2014 年总体偏少，2015 年以来中国地表水资源量转为以偏多为主（图 2.13）。2024 年，中国地表水资源量较常年值偏多 6.0%；辽河和西北诸河流域较常年值分别偏多 38.5% 和 24.0%，均为 1961 年以来第二多；海河、淮河、松花江和珠江流域分别偏多 23.7%、17.9%、16.1% 和 14.5%，依次位居 1961 年以来的第 8、第 9、第 7 和第 6 位；黄河、东南诸河和长江流域分别偏多 10.3%、9.0% 和 3.7%；仅西南诸河流域较常年值偏少 6.7%。

2024 年，中国平均年径流深为 357.4 mm，较常年值偏高 8.8%。辽河流域中部、淮河流域中东部、长江流域东南部、东南诸河流域北部、珠江流域大部等地偏高 50~200 mm，珠江流域东部和西南部偏高 200 mm 以上；长江上中游部分地区、西南诸河流域大部年径流深偏低 50~200 mm（图 2.14）。

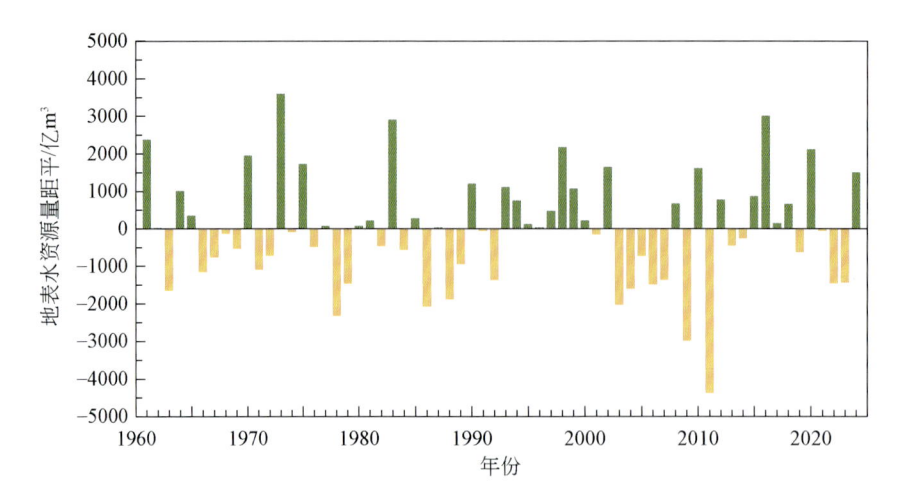

图 2.13　1961~2024 年中国地表水资源量距平

Figure 2.13　Annual surface water resources anomalies in China from 1961 to 2024

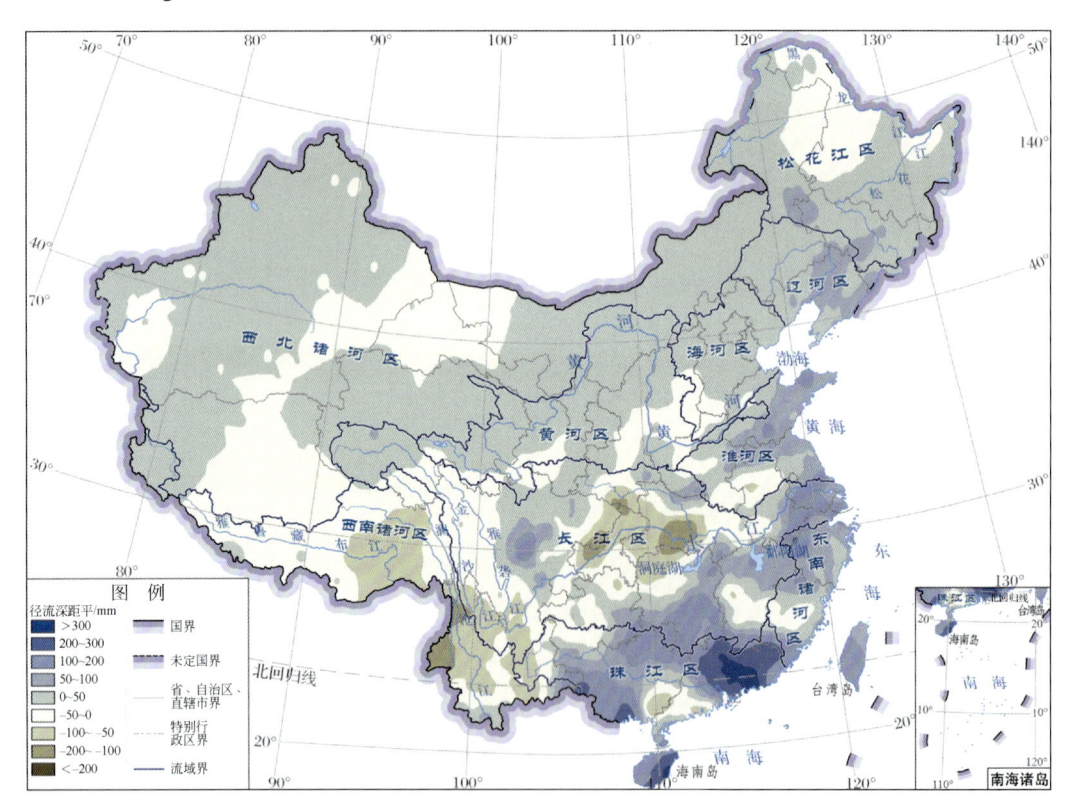

图 2.14　2024 年中国径流深距平分布

Figure 2.14　Distribution of runoff depth anomalies in China in 2024

2.2.2 湖泊面积与水位

湖泊不仅是重要的水资源，而且在陆地水循环中起着重要作用。湖泊面积和水位变化是气候变化和人类活动的敏感指标，是反映区域生态气候和水循环的重要监测指标（朱立平等，2019）。

（1）鄱阳湖水体面积

1989～2024 年，鄱阳湖 8 月水体面积年际波动明显（图 2.15）。1998 年之前，鄱阳湖 8 月水体面积较常年值偏小；1998 年以来水体面积年际波动幅度明显变大，水体面积最大值和最小值分别出现在 1998 年和 2023 年。2024 年 8 月，鄱阳湖水体面积为 3569 km^2，较常年值偏大 5.6%。

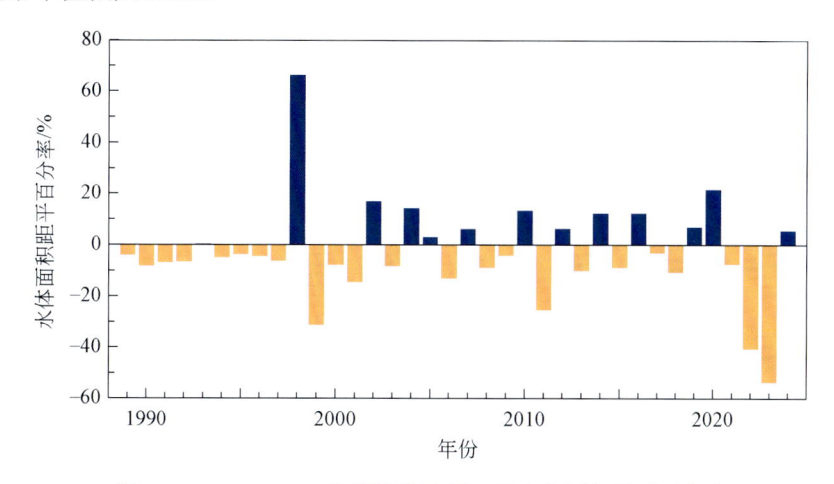

图 2.15 1989～2024 年鄱阳湖水域 8 月水体面积距平百分率

Figure 2.15 Percentages of waterbody area anomaly of the Poyang Lake in August from 1989 to 2024

2024 年汛期（5～9 月），鄱阳湖水体面积维持在 2800 km^2 以上；5～6 月水体面积有所减小，7 月面积达到最大［图 2.16（a）］，为 3628 km^2，随后面积持续减小；9 月面积最小［图 2.16（b）］，为 2836 km^2，仅为 7 月面积的 78.2%，属 1989 年以来同期面积偏小年份。

（2）洞庭湖水体面积

1989～2024 年，洞庭湖 8 月水体面积总体呈减小趋势，2006 年以来 8 月水体面积以偏小为主，其中 2021～2023 年同期水体面积持续减小，2024 年 8 月水体面积增加明显（图 2.17）。1989 年以来，洞庭湖 8 月水体面积的最大值和最小值分别出现在 1996 年和 2023 年。2024 年 8 月，洞庭湖水体面积为 2046 km^2，较常年值偏大 19.4%。

· 61 ·

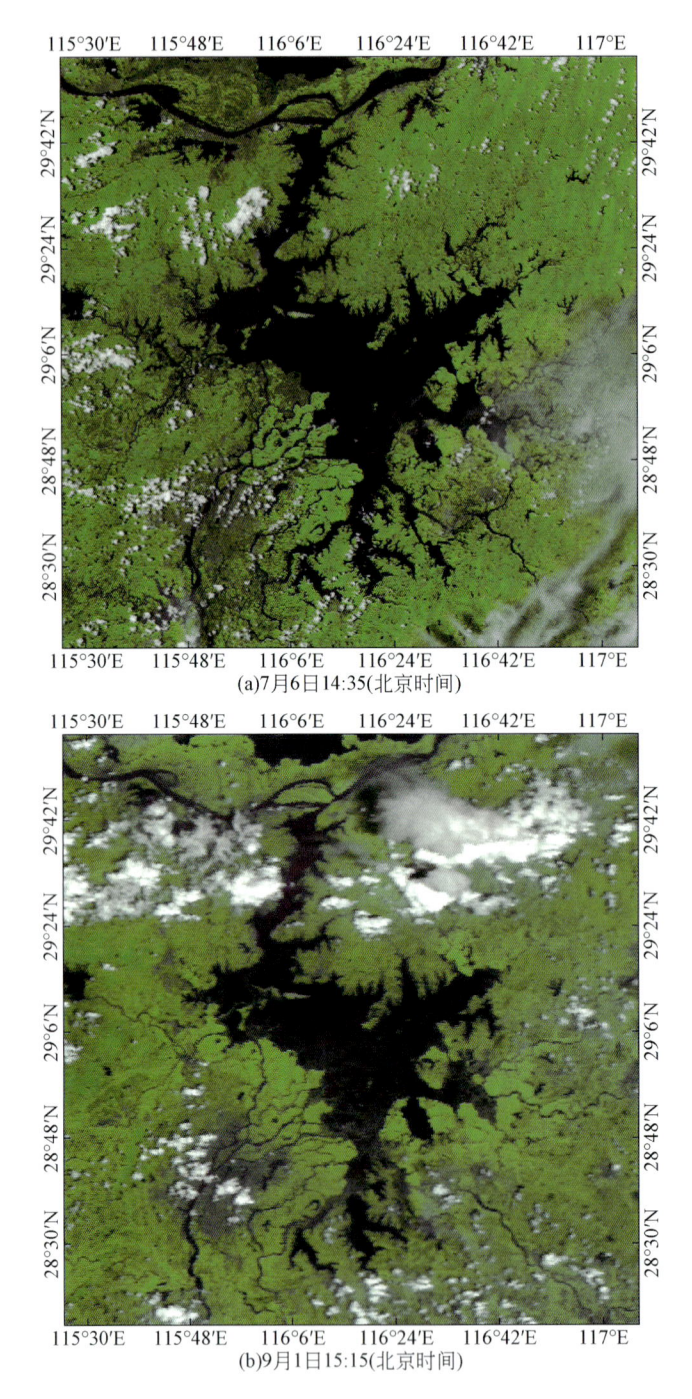

图 2.16 2024年汛期鄱阳湖水域卫星监测图像

利用FY-3D/MERSI卫星数据制作

Figure 2.16 Satellite (FY-3D/MERSI) images of the Poyang Lake water area in the 2024 flood season

(a) 14:35 BT 6 July, and (b) 15:15 BT 1 September

第 2 章 水　　圈

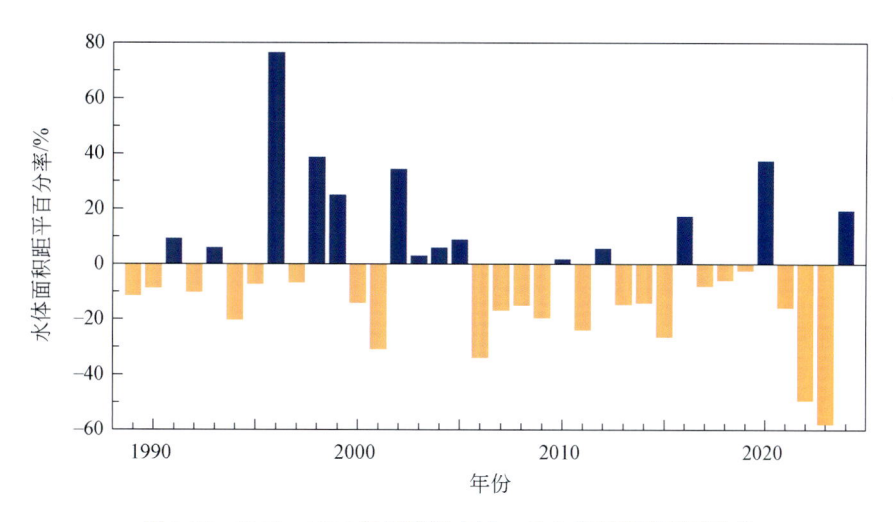

图 2.17　1989～2024 年洞庭湖水域 8 月水体面积距平百分率

Figure 2.17　Percentages of waterbody area anomaly of the Dongting Lake in August from 1989 to 2024

2024 年汛期（5～9 月），洞庭湖水体面积维持在 570 km² 以上；5～7 月水体面积逐渐增大，7 月面积最大 [图 2.18（a）]，为 2430 km²，为 1989 年以来同期第二大值；随后水体面积减小，9 月减至最小 [图 2.18（b）]，为 571 km²，是 7 月水体面积的 23.5%，为 1989 年以来同期第二小值。

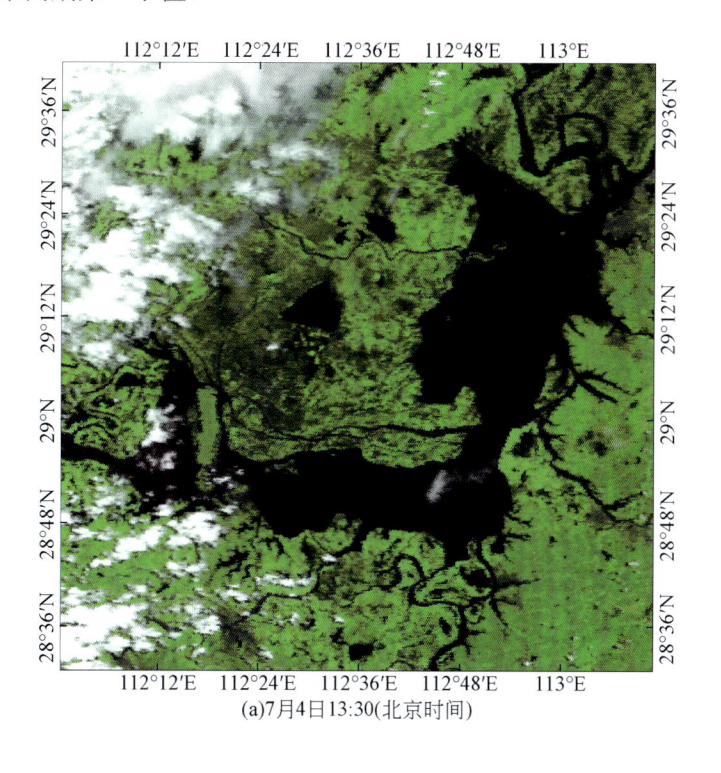

(a) 7月4日13:30(北京时间)

(b)9月18日14:55(北京时间)

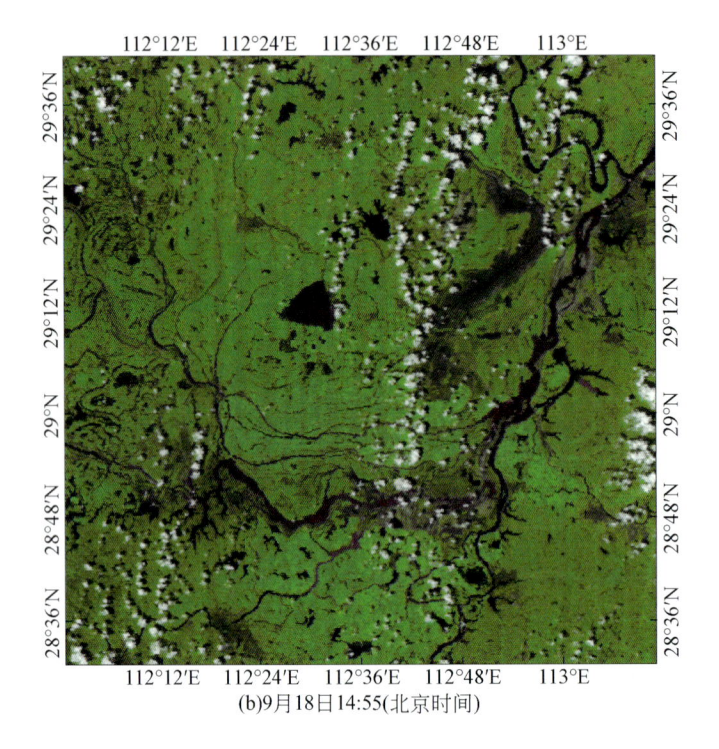

图 2.18　2024 年汛期洞庭湖水域卫星监测图像

利用FY-3D/MERSI数据制作

Figure 2.18　Satellite (FY-3D/MERSI) images of the Dongting Lake in the 2024 flood season

(a) 13:30 BT 4 July, and (b) 14:55 BT 18 September

（3）青海湖水位

青海湖是中国最大的内陆湖泊，位于青藏高原的东北部，是维系区域生态安全的重要水体。1961～2004 年，青海湖水位呈显著下降趋势，平均每 10 年下降 0.76 m，渔业资源减少、鸟类栖息环境退化等生态环境效应凸显。2005 年以来，受西北地区气候暖湿化的影响，入湖径流量增加，青海湖水位止跌回升（李林等，2020；金章东等，2013），转入水位上升期（图 2.19）。2024 年，青海湖流域平均降水量为 530.0 mm，较常年值偏多 132.3 mm，年平均气温较常年值偏高 1.2℃；流域冰雪融水和降水补给量均较常年值偏多，青海湖水位达到 3196.84 m，较常年值高出 3.0 m，较 2023 年上升 0.24 m，为 1961 年有观测记录以来的最高水位。2005 年以来，青海湖水位连续 20 年回升，累计上升 3.97 m；2024 年青海湖水位明显超过 20 世纪 60 年代初期的水位。

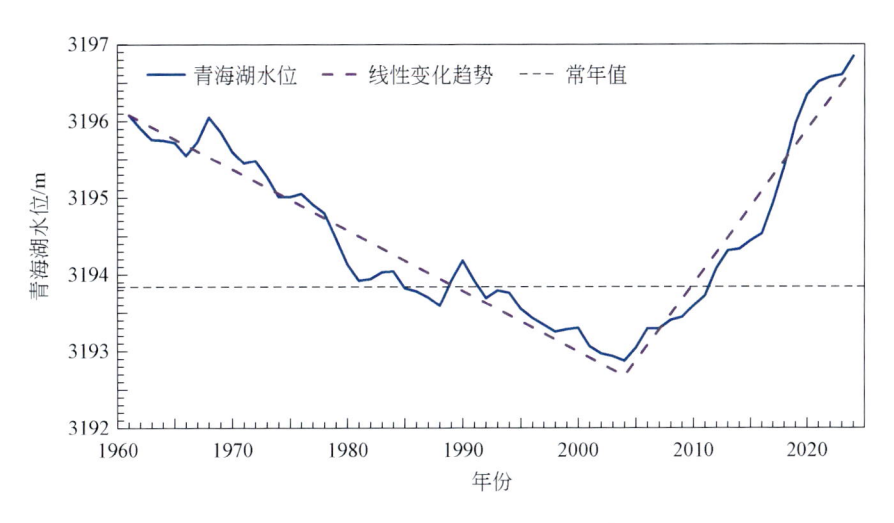

图 2.19　1961～2024 年青海湖水位变化

数据来源：青海省水利厅

Figure 2.19　Variation of the water level of the Qinghai Lake from 1961 to 2024

Data source: Water Conservancy Department of Qinghai Province

2.2.3　地下水水位

地下水水位与降水量、河道流量及持续时间、渗入量及人类取用水强度等气候、水文和人类活动等因素及地质结构密切相关，存在区域差异及季节、年际变化。

（1）河西走廊地下水水位

2005～2024 年，河西走廊西部的敦煌和月牙泉地下水水位先下降后平稳上升，而武威东部荒漠区地下水水位呈下降趋势（图 2.20）。2024 年，敦煌和月牙泉监测点浅层地下水埋深分别为 17.89 m 和 11.48 m，地下水水位较 2023 年分别上升 0.81 m 和 0.23 m，均为 2005 年以来最高；武威东部荒漠区监测点地下水埋深为 38.50 m，地下水水位较 2023 年下降 0.50 m。

（2）江汉平原地下水水位

1981～2004 年，江汉平原荆州站地下水水位与降水量密切相关，阶段性变化特征明显。1981～2002 年，荆州站地下水水位波动上升，随后缓慢下降［图 2.21（a）］。2024年，荆州站年降水量为 904.7 mm，较常年值偏少 163.3 mm［图 2.21（b）］；2024 年，荆州站浅层地下水埋深为 1.34 m，地下水水位较 2023 年上升 0.05 m。

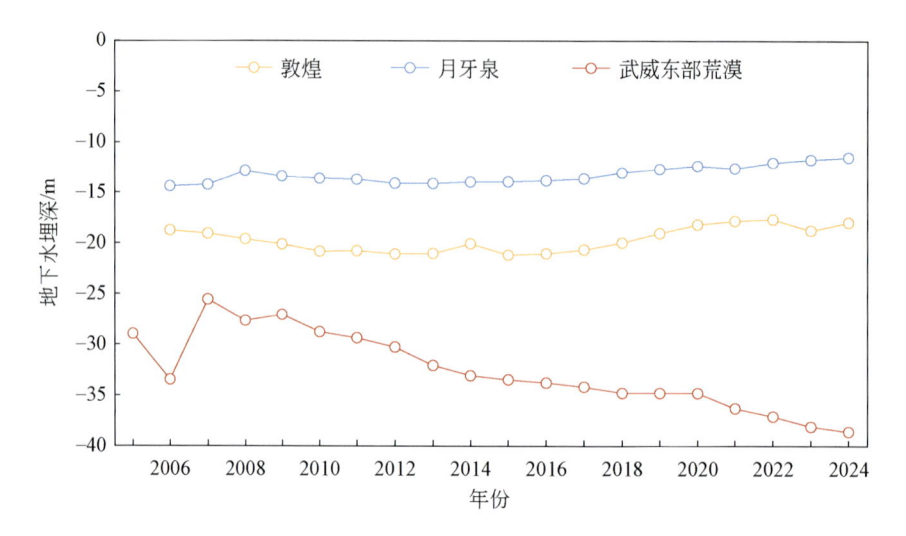

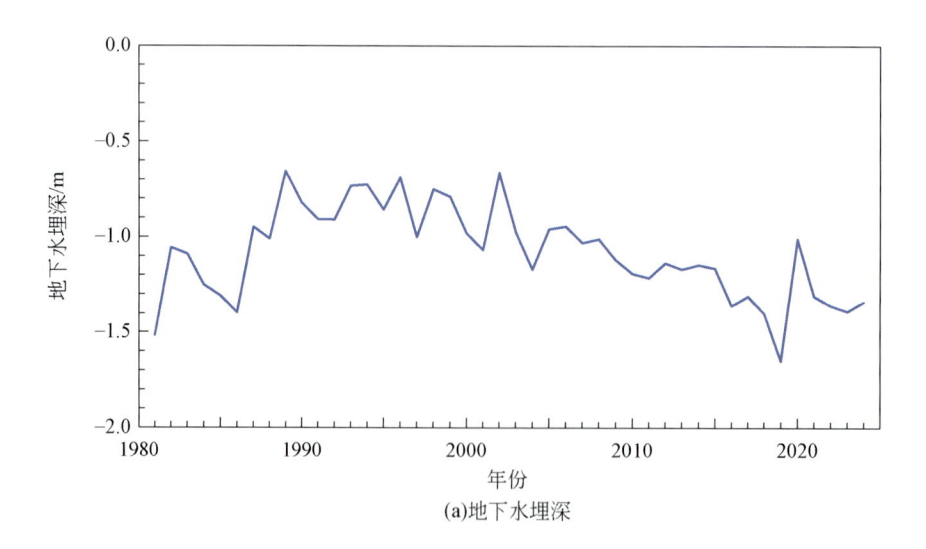

图 2.20　2005～2024 年河西走廊典型生态区地下水埋深变化

Figure 2.20　Variation of groundwater depth in representative ecological regions of the Hexi Corridor from 2005 to 2024

(a) 地下水埋深

第 2 章 水　圈

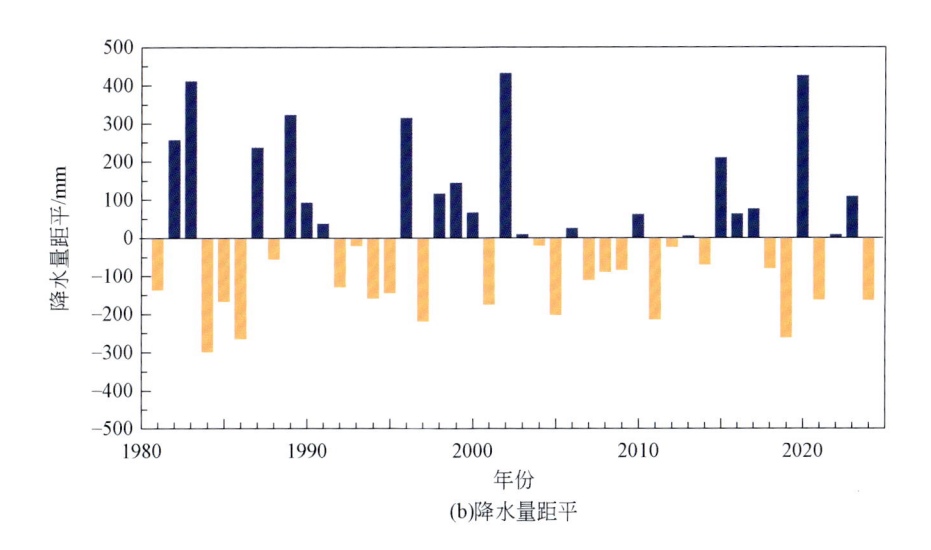

(b)降水量距平

图 2.21　1981～2024 年江汉平原荆州站地下水埋深和降水量距平变化

Figure 2.21　Variation of (a) groundwater depth and (b) precipitation anomaly at Jingzhou Observing Station in Jiang-han Plain from 1981 to 2024

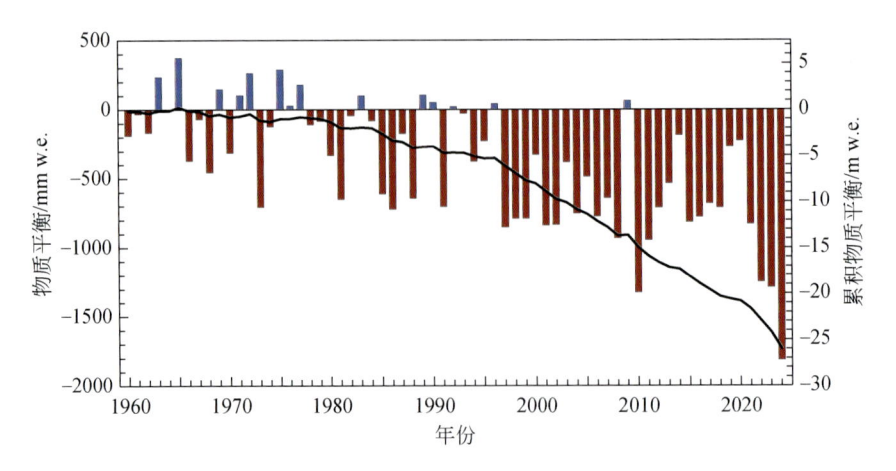

图 3.2　1960～2024 年天山乌鲁木齐河源 1 号冰川物质平衡量（柱形图）和累积物质平衡量
（曲线，相对于 1960 年）变化

资料来源：中国科学院天山冰川观测试验站

Figure 3.2　Changes in annual mass balances (column) and cumulative mass balances (curve,relative to 1960) of Glacier No.1 at the headwaters of Ürümqi River in the Tianshan Mountains from 1960 to 2024

Data source: Tianshan Glaciological Station，Chinese Academy of Sciences

木斯岛冰川（47°04′N，85°34′E）位于萨吾尔山北坡，是阿尔泰山地区的参照冰川之一。2016～2023 年，木斯岛冰川物质平衡量年际变化较大，分别为–975 mm w.e.、–1192 mm w.e.、–870 mm w.e.、–310 mm w.e.、–666 mm w.e.、–374 mm w.e.、–1146 mm w.e. 和–1075 mm w.e.；2024 年，木斯岛冰川物质平衡量为–1294 mm w.e.，为 2016 年有连续物质平衡观测记录以来物质亏损最为强烈的年份。

老虎沟 12 号冰川（39°26′N，96°33′E）位于祁连山系西段北坡，是祁连山区面积最大的山谷冰川。该冰川由东西两支构成，于海拔 4560 m 处汇合，呈北—西北向流出山谷（秦翔等，2014）。监测结果表明，1976 年，老虎沟 12 号冰川物质平衡为 330 mm w.e.（施雅风，1988）；2010～2024 年，冰川总体呈加速消融趋势（图 3.3），平均冰川物质平衡量为–427 mm/a，仅 2015 年表现为微弱的正物质平衡（58 mm w.e.）。2024 年，老虎沟 12 号冰川物质平衡量是–1030 mm w.e.，为该冰川有连续物质平衡观测记录以来的最低值；2010～2024 年，老虎沟 12 号冰川累积物质平衡量为–6.40 m w.e.。

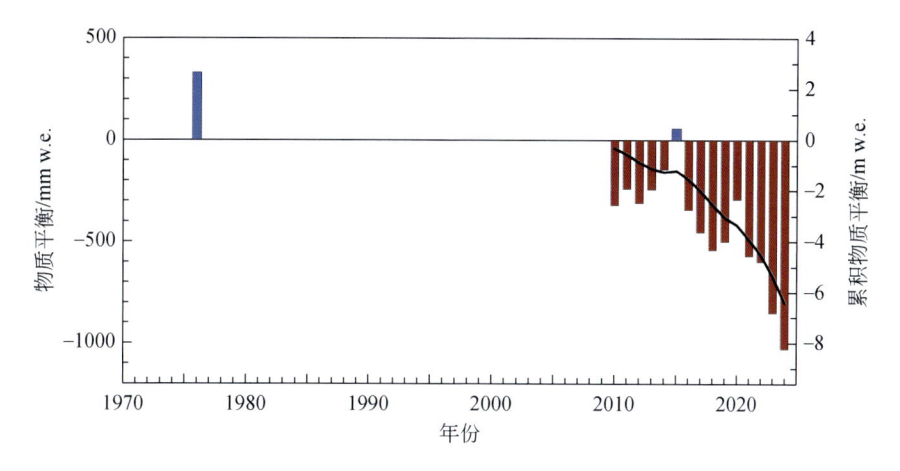

图 3.3 1976～2024 年祁连山老虎沟 12 号冰川物质平衡量（柱形图）和
累积物质平衡量（曲线，相对于 2010 年）变化

资料来源：中国科学院祁连山冰冻圈与生态环境综合观测研究站

Figure 3.3　Changes in annual mass balances (column) and cumulative mass balances (curve, relative to 2010) of Laohugou Glacier No.12 in the Qilian Mountains from 1976 to 2024

Data source: Qilian Observation and Research Station of Cryosphere and Ecologic Environment, Chinese Academy of Sciences

摆浪河 21 号冰川（38°57′N，99°18′E）位于黑河支流摆浪河源头，是祁连山中段北麓代表性山谷冰川，面积为 1.37 km²，平均厚度为 50～60 m（Chen et al.，2023）。自 2019 年有连续观测以来，该冰川相对于老虎沟 12 号冰川物质亏损更为严重。2020～2024 年，摆浪河 21 号冰川物质平衡年际波动大，物质平衡量逐年分别为–715 mm w.e.、–931 mm w.e.、–820 mm w.e.、–1421 mm w.e.和–594 mm w.e.。其中，2022/2023 年受极端热浪及干旱影响，摆浪河 21 号冰川物质亏损达过去 50 年之最（Chen et al.，2024）。

小冬克玛底冰川（33°04′N，92°04′E）位于青藏高原腹地唐古拉山中段，是长江源区布曲流域典型的极大陆性冰川。长期监测资料显示，1989～2024 年，小冬克玛底冰川平均物质平衡量为–312 mm w.e./a，整体呈加速消融趋势（图 3.4）。其中，1989～1997 年，小冬克玛底冰川相对稳定，平均物质平衡量为–30 mm/a；1998～2004 年，冰川发生明显消融，平均物质平衡量为–288 mm/a；2005～2024 年，冰川消融加速，平均物质平衡量降至–447 mm/a。2024 年，小冬克玛底冰川物质平衡量为–1421 mm w.e.，为 1989 以来的最低值。1989～2024 年，小冬克玛底冰川累积物质损失 11.24 m w.e.，弱于同期乌源 1 号冰川消融强度。

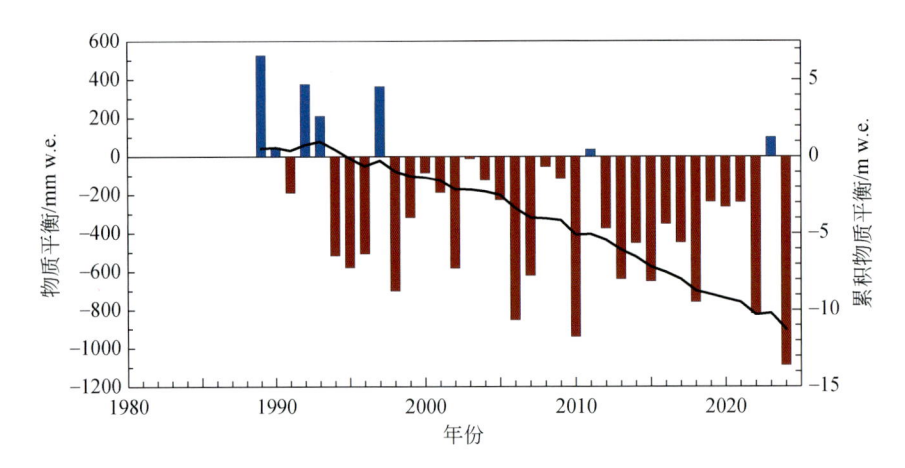

图 3.4 1989～2024 年长江源区小冬克玛底冰川物质平衡量（柱形图）和累积物质平衡量
（曲线，相对于 1989 年）变化

资料来源：唐古拉山冰冻圈与环境西藏自治区野外科学观测研究站

Figure 3.4 Changes in annual mass balances (column) and cumulative mass balances (curve, relative to 1989) of Xiao Dongkemadi Glacier in the source region of the Yangtze River from 1989 to 2024

Data source: Tanggula Mountain Cryosphere and Environment Observation and Research Station of Xizang Autonomous Region

白水河 1 号冰川（27°06′ N，100°11′ E）位于横断山南段的玉龙雪山东坡，地处我国冰川发育区的最南端，属典型的海洋性冰川（Wang et al.，2020）。观测结果表明，2008 年以来，白水河 1 号冰川呈显著的物质亏损状态，2008～2024 年的平均物质平衡量为 –1465 mm w.e./a；其中 2016 年冰川物质平衡量为 –1872 mm w.e.，为有连续观测资料以来的最低值（图 3.5）。2024 年，白水河 1 号冰川仍处于物质亏损状态，物质平衡量为 –1478 mm w.e.，高于全球参照冰川平均消融水平。2008～2024 年，白水河 1 号冰川累积物质损失为 24.91 m w.e.。

（2）冰川末端位置

冰川末端进退亦是反映冰川变化的重要指标之一，是冰川对气候变化的综合及滞后响应（李忠勤等，2019）。1980 年以来，乌源 1 号冰川末端退缩速率呈加快趋势（图 3.6）。由于强烈消融，乌源 1 号冰川在 1993 年分裂为东、西两支。长期观测表明，在冰川分裂之前的 1980～1993 年，冰川末端平均退缩速率为 3.6 m/a；1994～2024 年，东、西支平均退缩速率分别为 5.7 m/a 和 6.0 m/a 。2011 年之前，西支退缩速率大于东支，之后东支退缩明显加速。2024 年，乌源 1 号冰川东、西支分别退缩了 11.4 m 和 8.5 m。

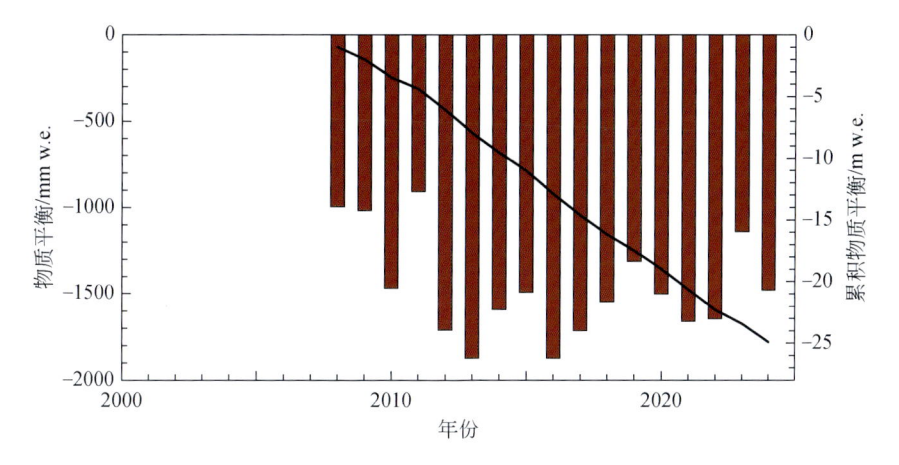

图3.5 2008～2024年横断山区玉龙雪山白水河1号冰川物质平衡量（柱形图）和累积物质平衡量（曲线，相对于2008年）变化

资料来源：中国科学院玉龙雪山冰冻圈与可持续发展野外科学观测研究站

Figure 3.5 Changes in annual mass balances (column) and cumulative mass balances (curve, relative to 2008) of Baishui River Glacier No.1 in the Yulong Snow Mountain, Hengduan Mountains, from 2008 to 2024

Data source: Yulong Snow Mountain Cryosphere and Sustainable Development Field Science Observation and Research Station, Chinese Academy of Sciences

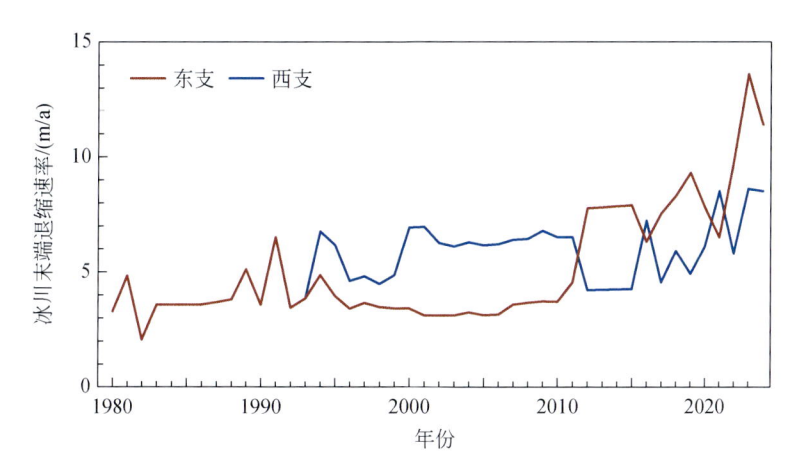

图3.6 1980～2024年中国天山乌鲁木齐河源1号冰川末端退缩速率

资料来源：中国科学院天山冰川观测试验站

Figure 3.6 The retreating velocity of the front of Glacier No.1 at the headwaters of Ürümqi River in the Tianshan Mountains from 1980 to 2024

Data source: Tianshan Glaciological Station, Chinese Academy of Sciences

1989～2017年，阿尔泰山地区木斯岛冰川的平均退缩速率为11.5 m/a，高于同期乌

源 1 号冰川的平均退缩速率。2017~2023 年，木斯岛冰川末端分别退缩了 9.5 m、10.9 m、7.6 m、9.9 m、9.4 m、14.8 m 和 16.6 m；2024 年，冰川末端退缩了 16.4 m，与 2023 年基本持平，呈强烈退缩态势。

1960~2024 年，祁连山老虎沟 12 号冰川末端位置退缩了 602.7 m，平均退缩速率为 9.3 m/a。20 世纪 80 年代中期以来老虎沟 12 号冰川退缩速率有所增大（杜文涛等，2008；Liu et al.，2018），2006 年之后末端退缩明显加剧。2022 年，老虎沟 12 号冰川末端位置退缩了 42.5 m，为有观测记录以来的最大值；2024 年，冰川末端退缩了 27.5 m。

20 世纪 70 年代至 2020 年，摆浪河 21 号冰川末端退缩了 201 m，平均退缩速率为 4.0 m/a；2020~2023 年，冰川末端退缩加速，平均退缩速率为 14.7 m/a。2024 年，摆浪河 21 号冰川末端退缩了 12.8 m。

长江源区冬克玛底冰川因强烈消融于 2009 年分裂为大、小冬克玛底冰川。2009~2024 年，大、小冬克玛底冰川末端平均退缩速率分别为 9.2 m/a 和 6.4 m/a，且大冬克玛底冰川退缩速率呈明显的上升趋势。2024 年，大、小冬克玛底冰川末端位置分别退缩了 15.9 m 和 4.9 m，其中大冬克玛底冰川末端退缩距离为 2009 年以来最大值。

1982~2024 年，玉龙雪山白水河 1 号冰川末端位置累计退缩了 490.6 m，平均退缩速率为 11.4 m/a。2024 年，白水河 1 号冰川末端退缩了 7.8 m。

3.1.2 冻土

多年冻土是冰冻圈的重要组成部分。青藏高原是全球中纬度面积最大的多年冻土分布区，多年冻土的存在和变化对区域气候、碳循环、生态环境和水资源安全、寒区重大工程建设和安全运营等产生显著影响（程国栋等，2019）。活动层是位于多年冻土之上冬季冻结、夏季融化的土（岩）层，是多年冻土与大气之间水热交换的界面。活动层厚度是表征多年冻土热状况的重要热力指标，也是多年冻土区气候变化最直观的监测指标，其变化是多年冻土区陆面水热综合作用的结果。

青藏公路沿线（昆仑山垭口至两道河段）多年冻土区 10 个活动层观测场监测结果显示：1981~2024 年，区域平均活动层厚度呈显著增加趋势（图 3.7），平均每 10 年增厚 20.8 cm。2004~2024 年，活动层底部（多年冻土上限）温度呈显著上升趋势，平均每 10 年升高 0.35℃。2024 年，青藏公路沿线多年冻土区平均活动层厚度为 270.8 cm，较 2023 年增厚 10.8 cm，为有连续观测记录以来的最高值；多年冻土上限平均温度为 −0.6℃，比 2023 年高 0.3℃。综合分析表明，青藏公路沿线多年冻土呈明显退化趋势。

第 3 章 冰 冻 圈

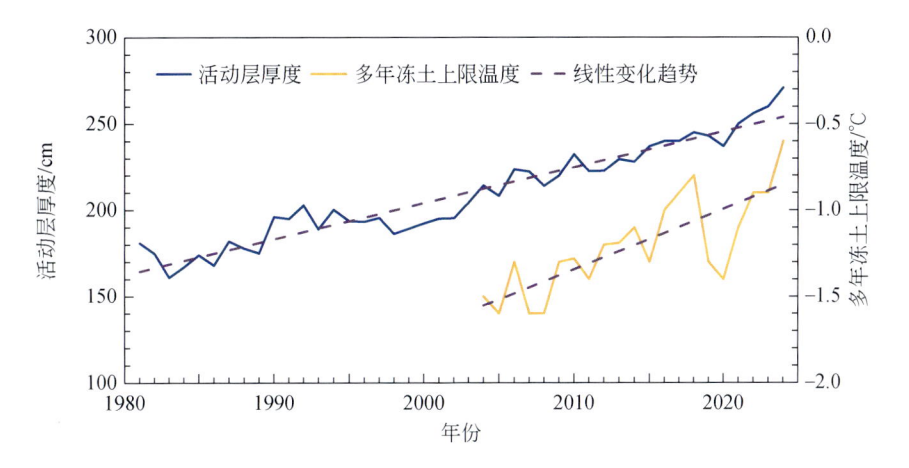

图 3.7　青藏公路沿线多年冻土区活动层厚度和多年冻土上限温度变化

资料来源：中国科学院青藏高原冰冻圈观测研究站

Figure 3.7　Changes in the active layer thickness of the permafrost zone and the ground temperature at the permafrost table along the Qinghai-Xizang Highway

Data source: The Cryosphere Research Station on the Qinghai-Tibet Plateau, Chinese Academy of Sciences

西藏中东部地区 15 个气象站点季节冻土最大冻结深度监测显示，1961~2024 年，季节冻土最大冻结深度呈显著减小趋势（图3.8），平均每 10 年减小 5.9 cm；且阶段性变化特征明显，20 世纪 60~80 年代中期，最大冻结深度以较大幅度的年际波动为主，80 年代末期以来呈显著减小趋势，2004 年以来持续小于常年值。2024 年，西藏中东部地区季节冻土最大冻结深度较常年值偏小 5.1 cm。

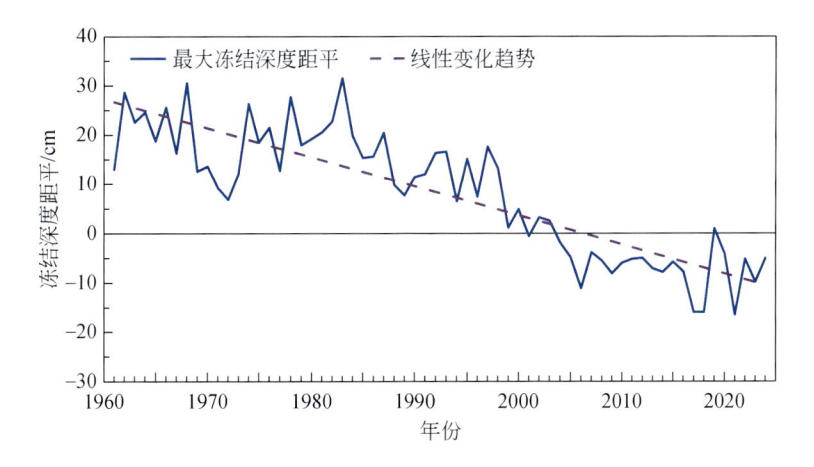

图 3.8　1961~2024 年西藏中东部地区季节冻土最大冻结深度距平

Figure 3.8　Variation of maximum frozen depth for seasonal frozen ground in central and eastern Xizang from 1961 to 2024

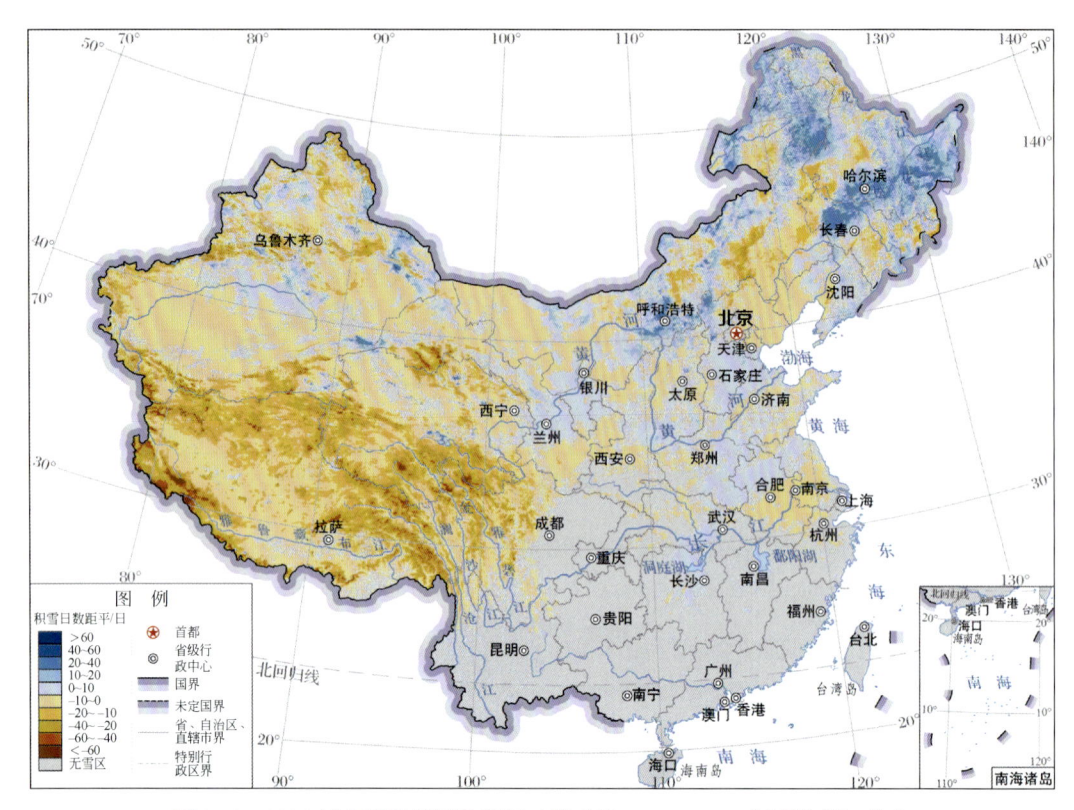

图 3.12　2024 年中国积雪日数距平（相对于 2002～2020 年平均值）分布

Figure 3.12　Distribution of anomaly of the snow cover days (relative to the 2002–2020 average) in China in 2024

3.2　海洋冰冻圈

3.2.1　北极海冰

海冰作为冰冻圈的重要成员，其高反照率和对海洋–大气间热量和水汽交换的抑制作用，以及海冰生消所伴随的潜热变化，对高纬地区海洋大气的热量收支和海洋生态系统产生重要影响。海冰范围、密集度和厚度的季节、年际变化直接引起高纬地区大气环流变化，并通过遥相关与复杂的反馈过程影响中、低纬地区的天气气候系统。

北极海冰范围（海冰密集度≥15%区域的面积）通常在 3 月和 9 月分别达到其最大值和最小值。1979～2024 年，北极海冰范围呈一致性的下降趋势，3 月和 9 月海冰范围平均每 10 年分别减少 2.5%和 13.9%。2024 年 3 月，北极海冰范围为 1487 万 km²［图 3.13（a）］，较常年值偏小 1.0%；9 月，北极海冰范围为 438 万 km²［图 3.13（b）］，较常年值偏小 21.6%，为有卫星观测记录以来的同期第六小值。

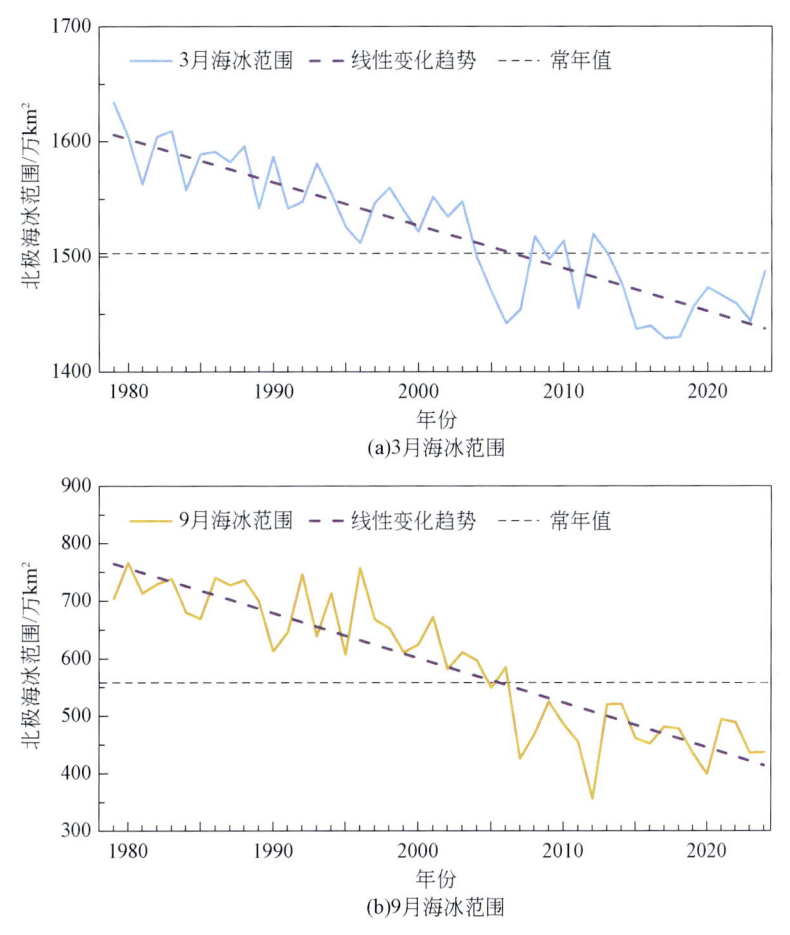

图 3.13　1979～2024 年 3 月和 9 月北极海冰范围变化

资料来源：美国国家冰雪数据中心

Figure 3.13　Variation of sea ice extent in the Arctic in (a) March and (b) September from 1979 to 2024

Data source: USA National Snow and Ice Data Center

3.2.2　南极海冰

南极海冰范围通常在 2 月和 9 月分别达到其年度最小值和最大值。1979～2024 年，南极海冰范围无显著线性变化趋势，年际波动幅度加大，且阶段性变化特征明显，其中，1979～2015 年，南极海冰范围波动上升，但 2016 年以来海冰范围以偏小为主。2024 年

2月，南极海冰范围为 214 万 km² [图 3.14（a）]，较常年值偏小 30.7%，为有卫星观测记录以来的同期第二小值。2024 年 9 月，南极海冰范围为 1705 万 km² [图 3.14（b）]，较常年值偏小 13.8%，亦为有卫星观测记录以来的同期第二小值。

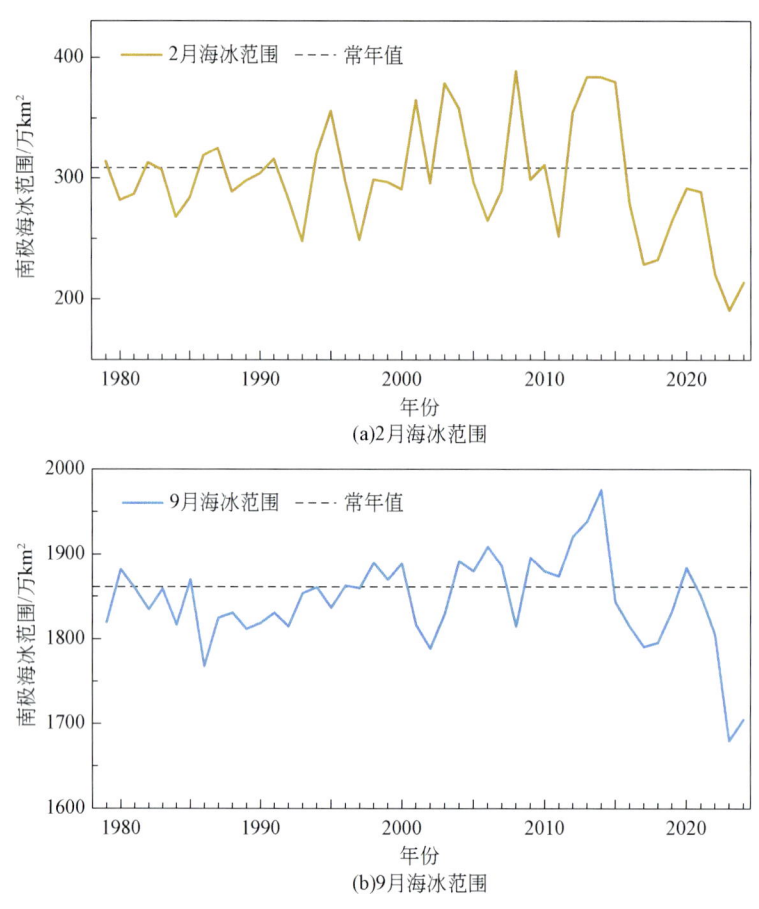

图 3.14　1979～2024 年 2 月和 9 月南极海冰范围变化

资料来源：美国国家冰雪数据中心

Figure 3.14　Variation of sea ice extent in the Antarctic in (a) February and (b) September from 1979 to 2024

Data source: USA National Snow and Ice Data Centre

3.2.3　渤海海冰

中国海冰主要出现于每年冬季的渤海海域，对海洋生态环境以及海洋渔业、海上交通运输、海上工程和海上石油生产等均有重要影响。渤海是全球纬度最低的结冰海域，其冰情演变过程可分为初冰期、发展期和终冰期三个阶段。

卫星海冰遥感监测显示，2023/2024年冬季，渤海海冰初冰日出现于2023年12月1日，终冰日出现于2024年3月上旬，冰情较常年偏轻，属轻冰年份（图3.15）。海冰主要出现于辽东湾，渤海湾和莱州湾冰情较轻。2023/2024年冬季，渤海全海域最大海冰面积为15 012 km^2，出现于2024年2月25日（图3.16），较最大海冰面积常年值偏小18.0%。

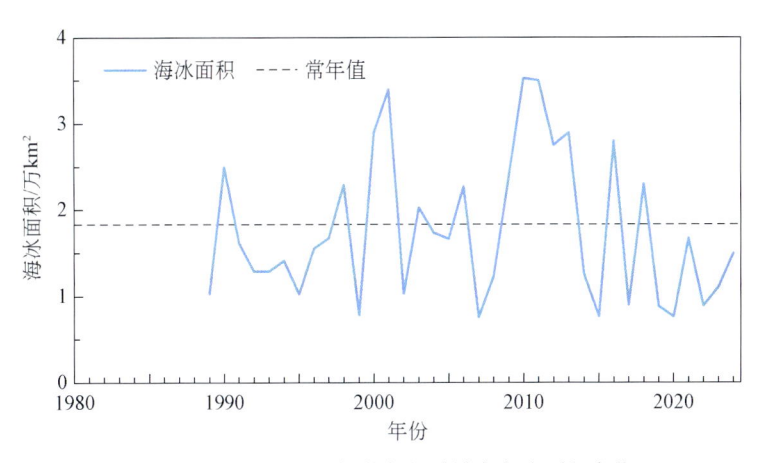

图 3.15　1989~2024年渤海冬季最大海冰面积变化

Figure 3.15　Variation of winter maximum sea ice area in Bohai Sea from 1989 to 2024

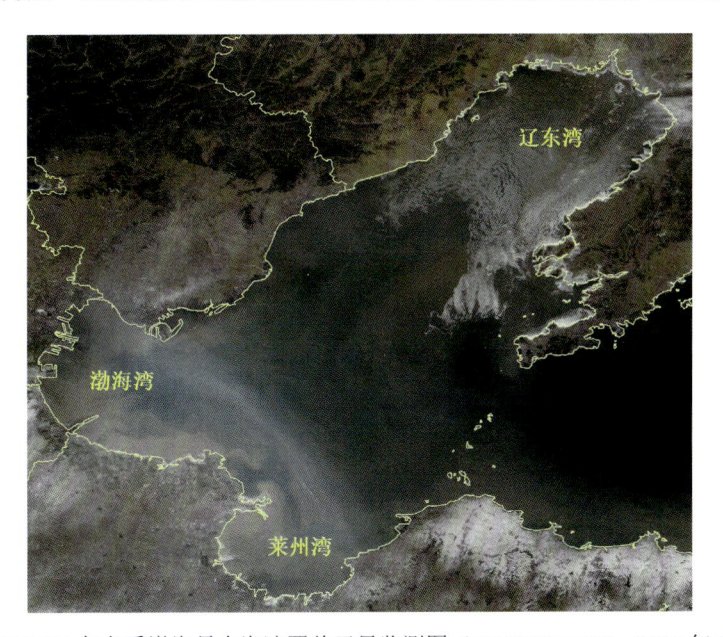

图 3.16　2023/2024年冬季渤海最大海冰覆盖卫星监测图（FY-3D/MERSI，2024年2月25日）

Figure 3.16　Maximum sea ice coverage in the Bohai Sea during the 2023/2024 winter, monitored by FY-3D/MERSI on 25 February 2024

第4章 生物圈

地球上的全部生物及其无机环境的总和构成地球上最大的生态系统——生物圈。其中占地球表面积29%的陆地生态系统可为人类生存和发展提供不可或缺的自然资源。气候要素是决定陆地生态系统分布、结构及功能的主要因素，而陆地生态系统通过调节水循环、碳氮磷硫循环和能量流动过程从而影响整个气候系统，同时对农业、林业、水资源、环境和众多行业领域产生深远的影响。海洋约占地球表面积的71%，丰富的生物多样性以及海洋生物赖以生存的海洋环境构成了海洋生态系统，其可划分为近岸海洋生态系统和大洋生态系统，其中近岸海洋生态系统又可分为珊瑚礁、红树林、海草床、盐沼等类型。全球变暖背景下，海洋生态系统正受到海水增暖和海水酸化等的严重威胁。综合应用地面观测和卫星遥感资料开展对地表温度、土壤湿度、物候及生物地球化学循环等多时空尺度陆面过程关键要素或变量和珊瑚礁、红树林等典型海洋生态系统变化的监测评估，是科学认识生物圈变化与生态系统碳汇演化、保障海洋生态文明建设和积极开展适应行动的重要前提。

4.1 陆地生物圈

4.1.1 地表温度

1961~2024年，中国年平均地表温度（0 cm地温）呈显著上升趋势（图4.1），升温速率为0.35℃/10a。20世纪60~70年代中期，中国年平均地表温度呈阶段性下降趋势，之后呈明显上升趋势；尤其是2006年以来，中国年平均地表温度以偏高为主。2024年，中国年平均地表温度较常年值偏高1.20℃，为1961年以来的最高值。

第 4 章 生 物 圈

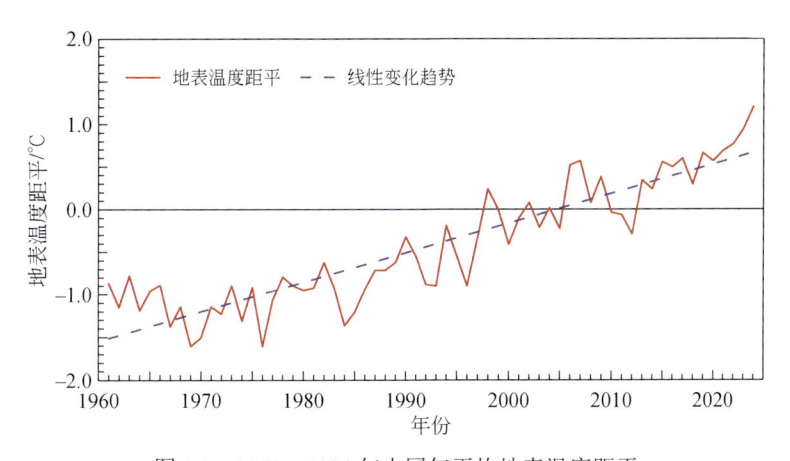

图 4.1 1961～2024 年中国年平均地表温度距平

Figure 4.1 Variation of the anomalies of annual mean land surface temperature in China from 1961 to 2024

2024 年，中国大部地区地表温度较常年值偏高，东北、华北、华东大部、华中东北部、西南地区中东部、西北地区大部、青藏地区北部地表温度偏高 1℃以上，其中黑龙江北部、山西中部、山东中南部、河南东北部和东南部的部分地区偏高 2℃以上；青海西南部和西藏东南部地表温度偏低 0～1℃（图 4.2）。

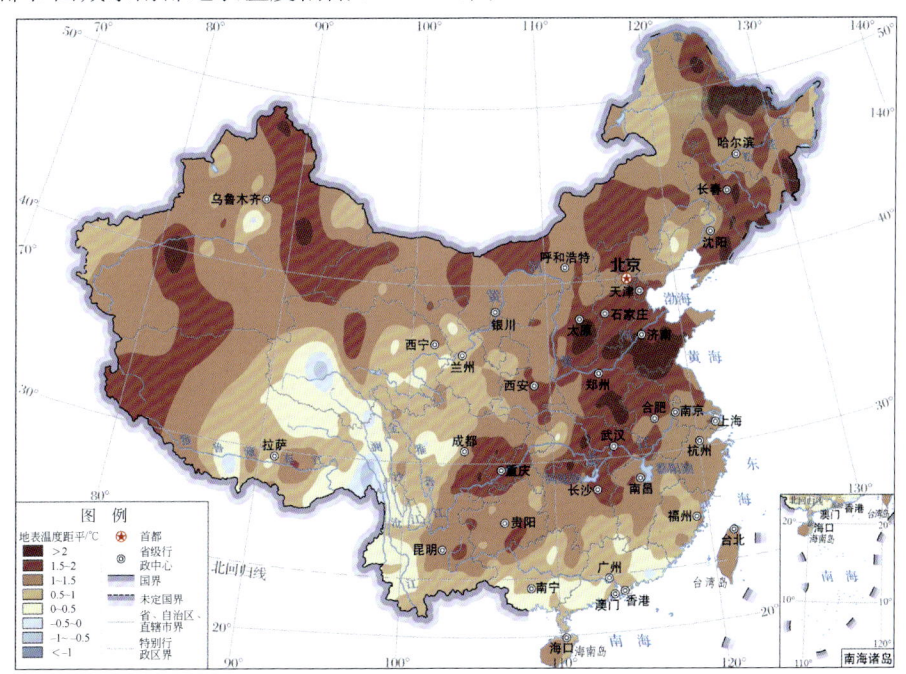

图 4.2 2024 年中国年平均地表温度距平空间分布

Figure 4.2 Distribution of annual mean land surface temperature anomalies in China in 2024

4.1.2 土壤湿度

1993～2024 年，中国不同深度（10 cm、20 cm 和 50 cm）年平均土壤相对湿度总体呈增加趋势，且随着深度的增加，土壤相对湿度增大（图 4.3）。从阶段性变化来看，20 世纪 90 年代至 21 世纪初，土壤相对湿度呈减小趋势，之后呈波动上升趋势。2024 年，中国 10 cm、20 cm 和 50 cm 深度平均土壤相对湿度分别为 66%、70% 和 73%，较 2023 年均略有减小。

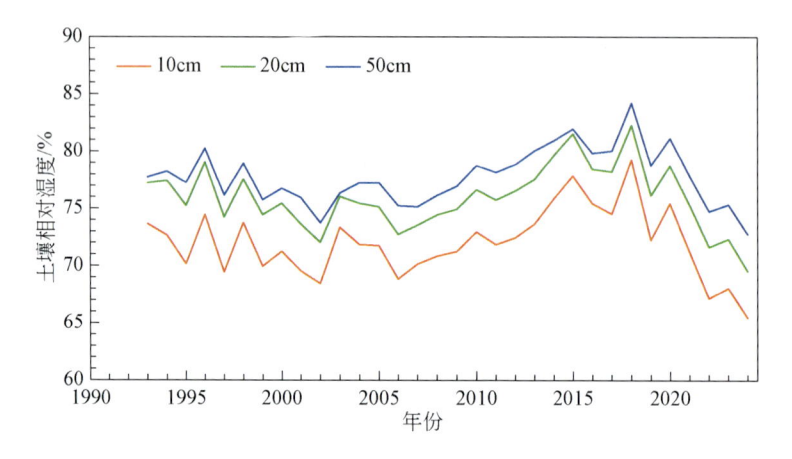

图 4.3　1993～2024 年中国年平均土壤相对湿度

Figure 4.3　Variations of annual mean relative soil moistures in China from 1993 to 2024

4.1.3 陆地植被

（1）植被覆盖

2000～2024 年，中国年平均归一化植被指数（NDVI）整体呈显著上升趋势（图 4.4），全国的植被覆盖呈现持续变绿趋势。2024 年，中国平均 NDVI 为 0.358，较 2011～2020 年平均值增长 4.8%，较 2001～2020 年平均值增长 8.2%，较 2023 年增加 2.0%。

2024 年，东北地区东部和北部部分地区、华东地区南部、华中地区西部、华南、西南地区大部、青藏地区东南部部分地区、西北地区东南部年平均 NDVI 超过 0.6，植被覆盖明显好于其他地区；内蒙古中西部、青藏地区中西部、西北地区中西部年平均 NDVI 低于 0.2，植被覆盖相对较差［图 4.5（a）］。

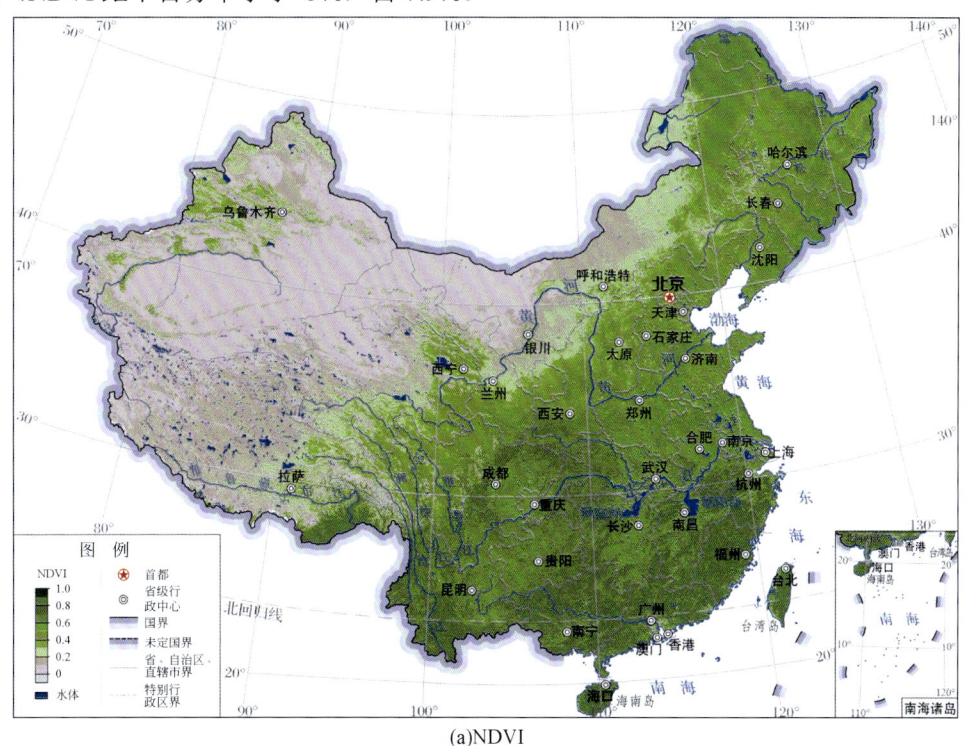

图 4.4 2000~2024 年卫星遥感（EOS/MODIS）中国年平均归一化植被指数

Figure 4.4 Variation of annual mean normalized difference vegetation index (NDVI) in China from 2000 to 2024 based on EOS/MODIS data

与 2001~2020 年平均值相比，2024 年中国大部地区植被长势以偏好为主，仅内蒙古西部、甘肃西北部部分地区、新疆西北部和东部植被长势偏差 [图 4.5（b）]。植被覆盖偏好的区域（NDVI 距平百分率大于 5%）占全国陆地总面积的 60.6%；植被偏差的区域（NDVI 距平百分率小于 –5%）占 7.9%。

(a)NDVI

(b)NDVI距平百分率

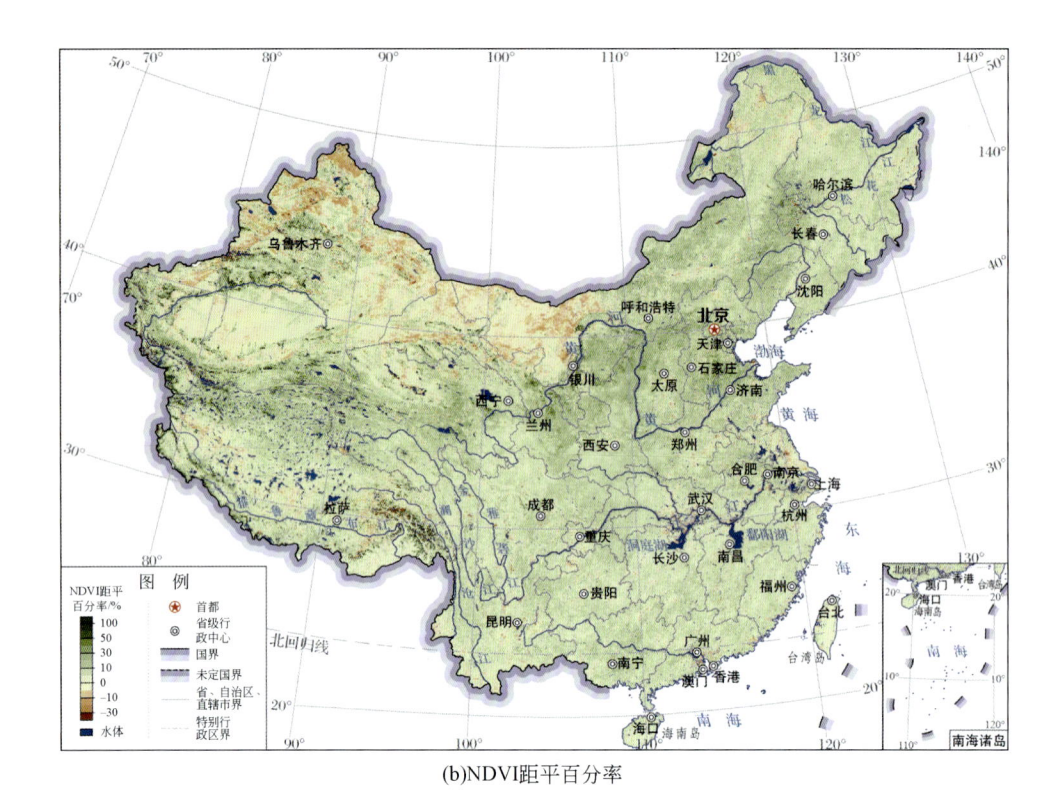

图 4.5　卫星遥感（EOS/MODIS）监测 2024 年中国归一化植被指数及距平百分率
（相对于 2001~2020 年平均值）

Figure 4.5　Distribution of (a) the NDVI and (b) its anomaly percentages
(relative to the 2001–2020 average) across China in 2024 based on EOS/MODIS data

（2）植物物候

物候主要指动、植物循环发生的生命周期阶段（Demarée and Rutishauser，2011），是综合性的环境变化指示器（Schwartz，2013），能敏感反映气候环境基本状态及变化趋势，常被用作气候变化对生态系统影响的独立证据（葛全胜等，2010；Dai et al.，2014；Ge et al.，2015）。中国物候观测网于 1963 年开始全国性植物物候期观测（Dai et al.，2014），主要观测区域代表性木本植物的萌动、展叶、开花、果实成熟、叶变色和落叶等生物过程中的典型物候期。其中，展叶期始期和落叶期始期分别是春季和秋季物候期典型的代表。

华北地区北京站的玉兰（*Magnolia denudata*）、东北地区沈阳站的刺槐（*Robinia pseudoacacia*）、华东地区合肥站的垂柳（*Salix babylonica*）、华南地区桂林站的枫香树（*Liquidambar formosana*）和西北地区西安站的色木槭（*Acer mono*）5 种区域代表性植物的长序列物候观测资料显示：1963～2024 年，5 个站点代表性树种的展叶期始期均呈显著的提前趋势（图 4.6），北京站玉兰、沈阳站刺槐、合肥站垂柳、桂林站枫香树和西安站色木槭展叶期始期平均每 10 年分别提前 3.4 天、1.4 天、2.2 天、2.6 天和 2.9 天。2024 年，北京站、沈阳站、桂林站和西安站代表性树种的春季物候期均较常年值偏早，展叶期始期分别偏早 5 天、5 天、3 天和 2 天；合肥站代表性树种的春季物候期较常年值均偏晚，展叶期始期偏晚 2 天。

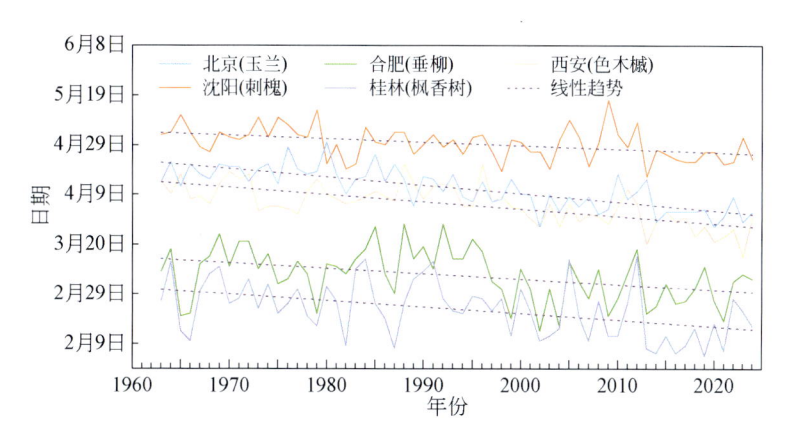

图 4.6　1963～2024 年中国不同地区代表性植物展叶期始期变化

数据来源：中国物候观测网

Figure 4.6　Variations of the first leaf date of typical plants by region in China from 1963 to 2024

Data source: Chinese Phenological Observation Network

与春季物候期相比，各物候站代表性植物落叶期始期变化年际波动较大（图 4.7）。1963～2024 年，沈阳站刺槐和合肥站垂柳落叶期始期呈显著推迟趋势，平均每 10 年分别推迟 1.0 天和 4.2 天；西安站色木槭落叶期始期呈不显著推迟趋势；北京站玉兰和桂林站枫香树落叶期始期无明显的线性变化趋势。2024 年，北京站玉兰、沈阳站刺槐和桂林站枫香树落叶期始期较常年值分别偏早 27 天、6 天和 20 天，其中北京站玉兰为有观测记录以来最早；合肥站垂柳和西安站色木槭落叶期始期较常年值分别偏晚 24 天和 22 天。

（3）典型农田生态系统二氧化碳通量

寿县国家气候观象台（32°26′N，116°47′E）于 2007 年建成近地层二氧化碳通量观测系统（段春锋等，2020），下垫面为水稻和冬小麦轮作农田，监测评估中国东部季风区典型农田生态系统温室气体通量变化和碳循环过程。2007～2024 年，寿县国家气候观

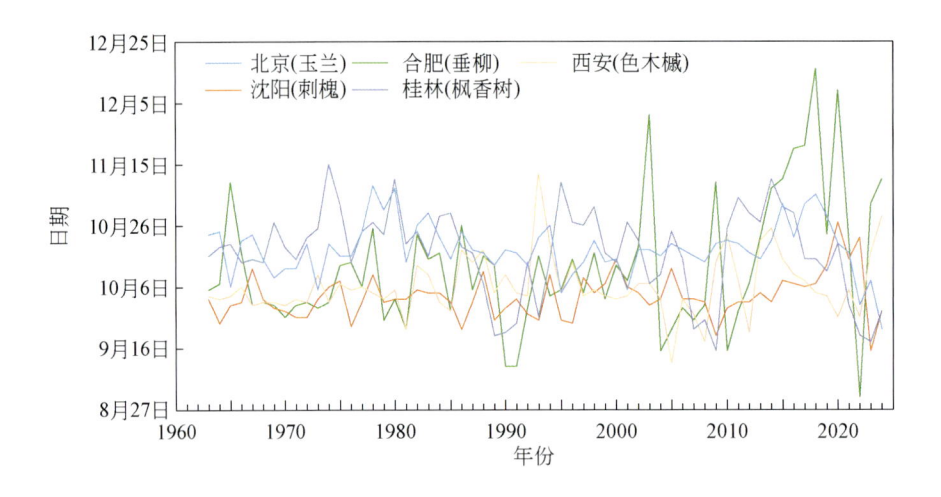

图 4.7　1963～2024 年中国不同地区代表性植物落叶期始期变化

数据来源：中国物候观测网

Figure 4.7　Variations of the beginning date of leaf-falling of typical plants by region in China from 1963 to 2024

Data source: Chinese Phenological Observation Network

象台观测的农田生态系统（稻茬冬小麦和一季稻）主要表现为二氧化碳净吸收；2024年，二氧化碳通量为–2.21 kg/（m^2·a），净吸收较 2011～2020 年平均值偏少 0.35 kg/（m^2·a）。

2011～2020 年的平均状况分析表明，寿县国家气候观象台农田生态系统二氧化碳排放与吸收呈双峰型特征（图 4.8），与作物生育阶段密切关联。早春，冬小麦返青生长，二氧化碳通量逐渐表现为净吸收，并随着冬小麦生长发育而增强；6 月，随着小麦的成熟收割、腾茬、水稻种植（插秧），下垫面的呼吸与分解使得农田生态系统转为二氧化碳净排放；其后水稻进入生长期，二氧化碳通量再次转入净吸收，直至 10 月上旬水稻成熟；而秋冬季水稻收获期、冬小麦播种与出苗期，二氧化碳通量基本表现为弱排放，12 月冬小麦进入越冬期，二氧化碳通量表现为弱吸收。

与 2011～2020 年同期平均值相比，2024 年冬小麦生长季中，1 月至 5 月中旬农田生态系统二氧化碳通量净吸收偏少 4%，12 月呈现为明显的净排放；水稻生长季（7 月至 10 月上旬）二氧化碳通量净吸收偏多 1%；作物收获腾茬和种植阶段，6 月二氧化碳通量净排放偏多 32%，10 月中旬至 11 月净排放偏多 307%。2024 年农田生态系统二氧化碳净吸收偏少，主要由于作物收获腾茬阶段二氧化碳净排放显著增加。6 月寿县气温较常年值偏高 1.4℃，降水偏少 10%；10 月下旬至 11 月寿县气温偏高 1.5℃，降水偏少

29%；气温偏高、降水偏少导致播种推迟，夏种和秋种的播种期拉长，收获腾茬阶段二氧化碳通量净排放明显增加。

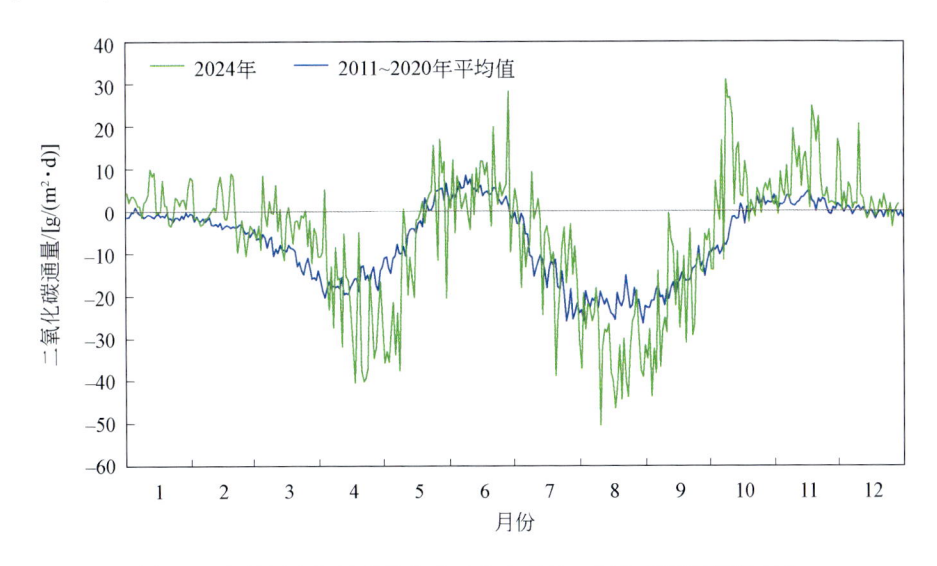

图 4.8 寿县国家气候观象台农田生态系统二氧化碳通量逐日变化

Figure 4.8 Variation of the daily CO$_2$ flux in the agro-ecosystem observed at Shouxian National Climatology Observatory

4.1.4 区域生态气候

（1）西北地区石羊河流域荒漠化

石羊河流域位于河西走廊东部，是西北地区生态气候变化敏感区和脆弱区。卫星遥感监测显示，2005~2024 年，石羊河流域荒漠面积呈显著减小趋势（图 4.9）。2024 年，流域荒漠面积为 1.39 万 km^2，2015~2024 年平均荒漠面积较 2005~2014 年平均值减少 19.8%。2005~2024 年，石羊河流域降水量波动增加，加之 2006 年启动人工输水工程，受气候因素和工程治理措施的共同影响，流域生态环境明显趋于好转。

石羊河流域沙漠边缘进退速度主要受风的动力作用（受控于风向、风速和大风日数等）影响。2005~2024 年，石羊河流域沙漠边缘外延速度总体趋缓，凉州区东沙窝监测点沙漠边缘外延速度明显减缓，2014 年以来民勤县蔡旗监测点沙漠外缘波动幅度较大（图 4.10）。2005~2024 年，民勤县蔡旗监测点和凉州区东沙窝监测点沙漠边缘向外推进的平均速度为 3.1 m/a 和 1.1 m/a；2024 年，民勤县蔡旗监测点和凉州区东沙窝监测点沙漠边缘分别外推了 2.9 m 和 0.6 m。

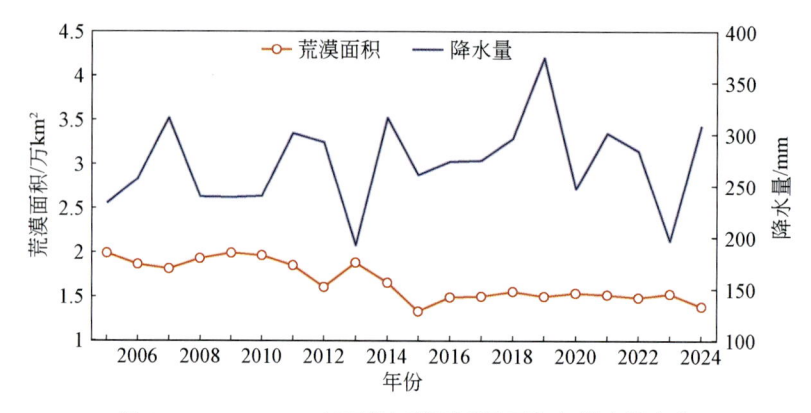

图 4.9 2005~2024 年石羊河流域荒漠面积与降水量变化

Figure 4.9 Changes in the desertification area and annual precipitation in the Shiyang River Basin from 2005 to 2024

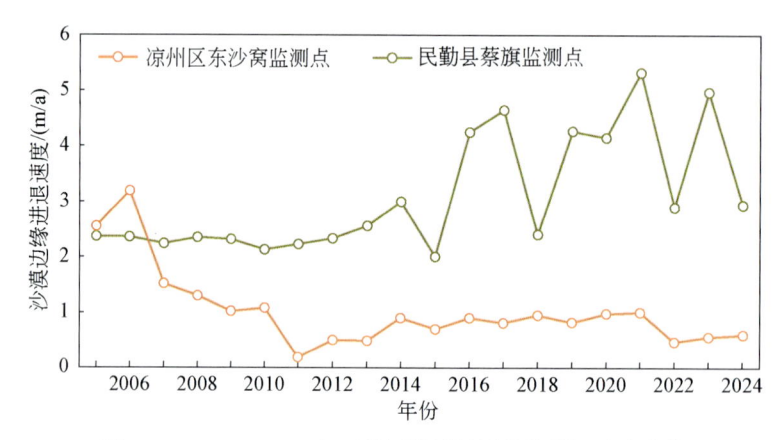

图 4.10 2005~2024 年石羊河流域沙漠边缘进退速度变化

Figure 4.10 Changes in the advancing and retreating speeds of desert rims in the Shiyang River Basin from 2005 to 2024

（2）西南岩溶区石漠化

西南岩溶区是全球碳酸盐岩集中分布面积最大的区域，是长江、珠江中上游重要生态安全屏障，也是受地质环境制约和气候变化影响的生态脆弱地带，石漠化是该区最为突出的生态问题。据全国岩溶地区第四次石漠化调查结果：云南、贵州和广西三省（区）岩溶土地面积为 30.39 万 km^2，石漠化土地面积为 4.73 万 km^2，主要分布于云南东部和西北部、贵州北部和西南部、广西西北部和东北部，其中轻度、中度、重度和极重度石漠化土地面积分别占 36.4%、42.6%、19.5%和 1.5%（国家林业和草原局，2024）。近年来，随着石漠化综合治理工程实施，西南地区石漠化土地面积持续减少，岩溶区生态状况稳步向好（Chen et al.，2021）。

卫星遥感监测显示，2000～2024 年，西南岩溶区秋季 NDVI 呈显著增加趋势（图 4.11）；植被覆盖变好和明显变好的地区占岩溶区总面积的 36.4%，主要分布于云南东部和北部、贵州中部、广西中部；植被覆盖变差的地区占 4.7%，主要分布于云南北部、贵州西北部、广西北部和西部小部分地区（图 4.12）。2024 年，西南岩溶区秋季 NDVI 为 0.65，较 2023 年同期略有降低；云南冬春季持续性干旱，贵州盛夏温高雨少，广西年初遭遇 1961 年以来最强寒潮、秋季阶段性旱情发展，均对岩溶区植被生长有一定影响。

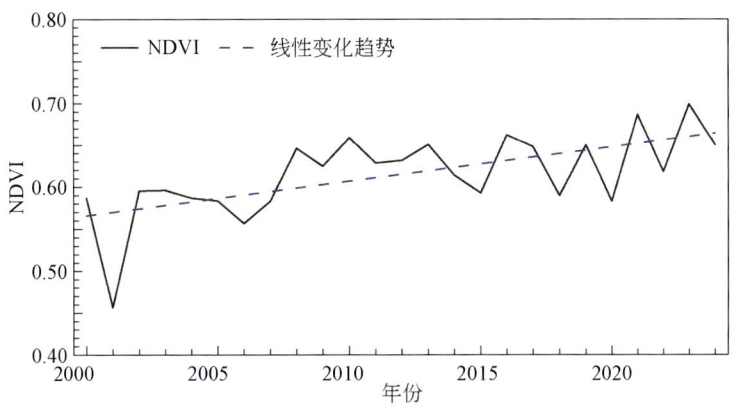

图 4.11　2000～2024 年西南岩溶区秋季NDVI变化

Figure 4.11　Variation of the autumn NDVI in the karst areas of Southwest China from 2000 to 2024

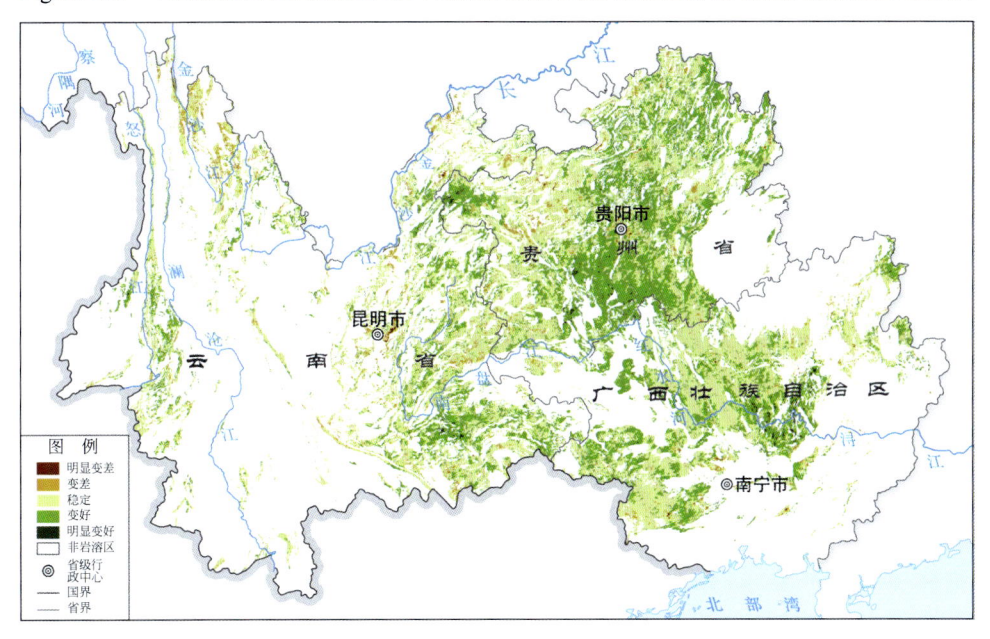

图 4.12　2000～2024 年西南岩溶区秋季植被指数变化趋势分布

Figure 4.12　Spatial distribution of autumn NDVI trends in the karst areas of Southwest China from 2000 to 2024

4.2 海洋生物圈

4.2.1 珊瑚礁生态系统

以造礁珊瑚为框架的珊瑚礁生态系统是热带和亚热带海洋最突出、最具有代表性的生态系统，被誉为"海洋中的热带雨林"，是地球上生产力和生物多样性最高的海洋生态系统之一，其对维持海洋生态平衡、渔业资源再生、生态旅游观光以及保礁护岸等都至关重要，具有重要的生态学功能和社会经济价值。中国珊瑚礁生态系统主要分布于华南沿海、海南岛和南海诸岛等地，珊瑚礁面积约为 $3.8 \times 10^4 \text{ km}^2$（黄晖等，2021）。近几十年来由于全球气候变化和人类活动的双重压力，全球范围内的珊瑚礁出现了严重的退化趋势（IPCC，2019），珊瑚覆盖率逐年下降。20世纪50年代至21世纪初，中国南海尤其是近岸区域的活造礁石珊瑚覆盖率下降了80%，近20年气候变暖对南海珊瑚礁的影响日益凸显和加剧（黄晖等，2021）。

过去40年，中国南海夏季海洋热浪呈持续时间更长、范围更广、强度更大的变化趋势；2010～2019年，极端海洋热浪的发生频率是20世纪80年代的4倍以上（Tan et al.，2022）。造礁石珊瑚是珊瑚礁生态系统的框架生物，其典型特征是珊瑚-虫黄藻的共生，造礁石珊瑚对生存温度要求严格，合适生长温度范围为25～28℃。珊瑚对海水温度升高非常敏感，当海水月平均温度比长期的夏季平均温度高出1℃时，此时海水的周热度（Degree Heating Week，DHW）为4，造礁石珊瑚会慢慢失去体内共生虫黄藻而导致珊瑚变白甚至死亡；而当海水月平均温度异常升高超过2℃，周热度指数达到8以上时即达到珊瑚白化预警阈值，会发生大规模珊瑚白化和死亡（Skirving et al.，2020）。

野外调查研究显示：2024年夏季，在2023/2024年全球第四次珊瑚白化事件背景下（Reimer et al.，2024），南沙美济礁、西沙赵述岛、三亚鹿回头（18.18°N，109.45°E）、香港、广东沿岸的三门岛和庙湾岛（21.85°N，114.01°E）等地均观测到明显的珊瑚白化（图4.13）。

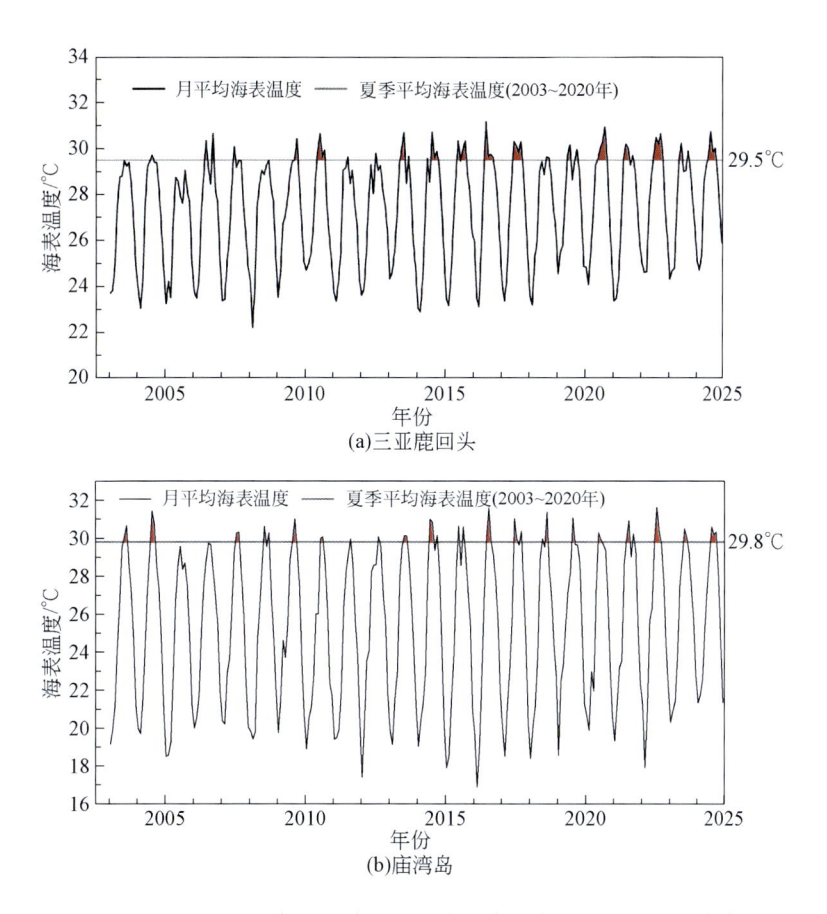

图 4.13 2003～2024 年三亚鹿回头和广东庙湾岛月平均海表温度变化

数据来源：美国国家海洋与大气管理局

Figure 4.13　Variations of the monthly mean SST at (a) Luhuitou,Sanya,Hainan and (b) Miaowan Island,Guangdong from 2003 to 2024

Date source: US National Oceanic and Atmospheric Administration

4.2.2　红树林生态系统

红树林是生长于热带、亚热带海岸潮间带或河流入海口的湿地木本植物群落，其在维持滨海生态稳定和海陆物质能量循环中起着重要的作用（林鹏，1997），是海岸带"蓝碳"生态系统的重要组成部分（IPCC，2022）。红树林具有防风消浪、促淤造陆、净化水质，为人类社会提供经济产品。因而可为水禽提供栖息地，为鱼、虾、蟹、贝类营造生长繁殖环境等生态功能和价值，其被列为国际湿地生态保护和生物多样性保护的重要对象（Jia et al.，2023）。

中国红树林分布的南界是海南省三亚市（18°12′N），自然分布的北界为福建省福鼎市（27°20′N），而人工引种的北界是浙江省舟山市（29°32′N），跨浙江、福建、台湾、广东、广西、海南、香港和澳门 8 个省（自治区、特别行政区）。20 世纪 50 年代，中国红树林分布面积约为 420 km²（廖宝文和张乔民，2014）。卫星遥感监测显示，1973～2024 年，中国红树林面积总体呈先减少后增加的趋势（图 4.14）。1973～2000 年，中国红树林面积减少了 302 km²，其中广东、香港和澳门红树林面积减少最为明显；1973～1980 年红树林面积急剧减少，1980～2000 年红树林面积继续降低。但 2000～2024 年，中国红树林总面积稳步增加，至 2024 年已达到 257 km²，基本恢复至 1980 年水平。其中，广东、香港和澳门红树林总面积增长较大，至 2024 年面积增至 115 km²，略高于 1990 年水平；广西红树林面积波动增加，至 2024 年沿海红树林面积达到 83 km²，超过 1973 年的水平。

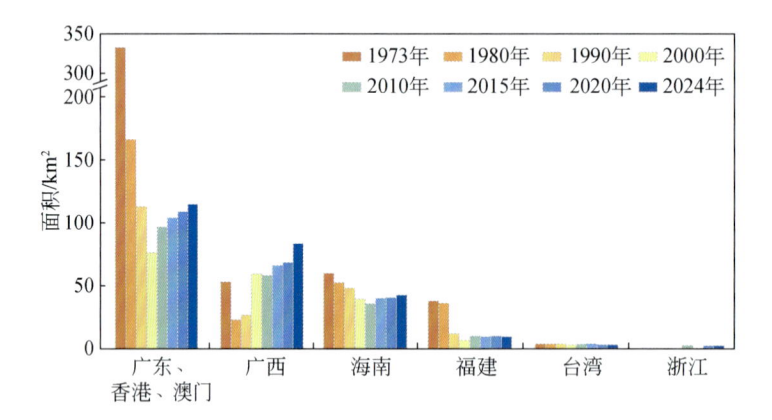

图 4.14　1973～2024 年中国红树林主要分布省（自治区、特别行政区）的面积变化

Figure 4.14　Changes in the area of mangrove in major provinces (autonomous regions, special administrative regions) in China from 1973 to 2024

第 5 章　气候变化驱动因子

气候变化的主要驱动力包括自然外强迫因子、气候系统的内部变率和人为强迫因子变化，其中自然强迫因子包括太阳活动、火山活动和地球轨道参数等。工业化时代人类活动通过化石燃料燃烧向大气排放大量温室气体，以及通过排放气溶胶改变自然大气的成分构成，从而影响地球大气辐射收支平衡；同时，大范围土地覆盖和土地利用方式变化，会改变下垫面特征，导致地气之间能量、动量和水分传输的变化，进而影响全球及区域气候变化。

5.1　太阳活动与太阳辐射

5.1.1　太阳黑子

太阳活动长期水平的高低一般可用太阳黑子（太阳光球中的暗黑斑点）相对数来表征。长期的观测记录表明，黑子相对数表现为 11 年左右的周期性变化，最短约为 9 年，最长可达 13 年，习惯上将 1755 年黑子数最少时开始的活动周称作太阳的第 1 个活动周（Clette and Lefèvre，2016）。观测显示，2024 年太阳活动已经进入第 25 周的峰年阶段，其总体活动水平要高于第 24 周（第 24 太阳活动周已于 2019 年 12 月结束），预计 2025 年太阳活动仍将维持在峰年水平。

2024 年，太阳黑子相对数年平均值为 154.7±52.2，明显高于 2023 年（125.5±40.3）和 2022 年（83.2±34.8），也高于 24 周同期水平（2013 年太阳黑子相对数为 94.0±37.2），甚至超过了第 24 周最高水平（2014 年太阳黑子相对数为 113.3±38.2）（图 5.1）。

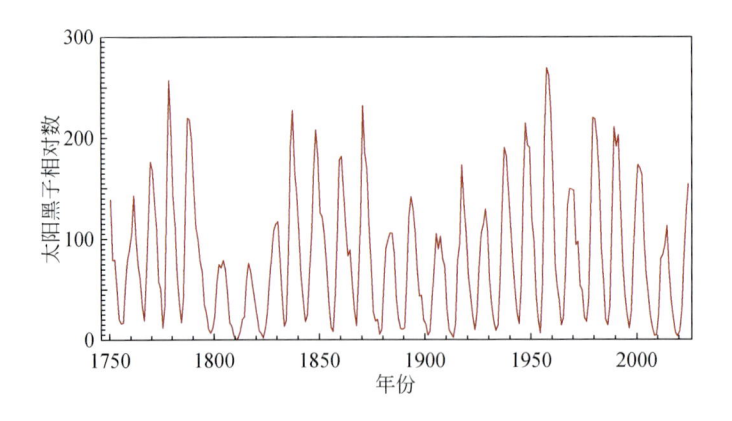

图 5.1　1750～2024 年太阳黑子相对数年平均值变化

资料来源：世界太阳黑子指数和长期太阳观测数据中心，比利时皇家天文台

Figure 5.1　Variation of annual average values of sunspot relative numbers from 1750 to 2024

Data source: World Data Centre SILSO, Royal Observatory of Belgium, Brussels

5.1.2　太阳辐射

1961～2024 年，中国陆地表面平均接收到的年总辐射量趋于减少，平均每 10 年减少 7.3（kW·h）/m^2，且阶段性特征明显，20 世纪 60 年代至 80 年代中期，中国平均年总辐射量总体处于偏高阶段（Liu et al.，2015），且年际变化较大；80 年代后期以来，年总辐射量波动下降（图 5.2）。2024 年，中国平均年总辐射量为 1511.8（kW·h）/m^2，较常年值偏低 7.2（kW·h）/m^2。

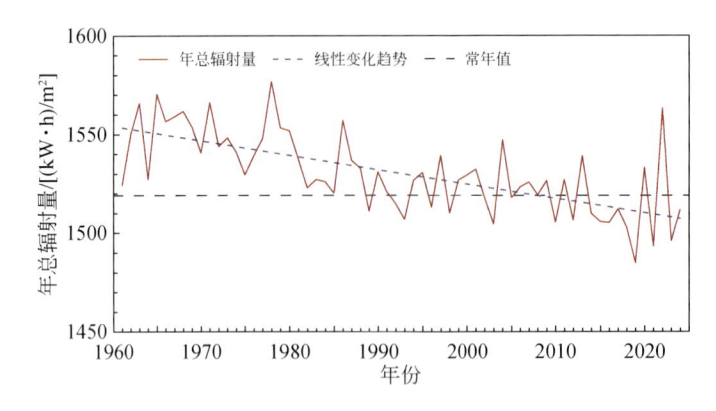

图 5.2　1961～2024 年中国平均年总辐射量变化

Figure 5.2　Variation of annual total solar radiation in China from 1961 to 2024

第 5 章 气候变化驱动因子

2024 年，东北地区西部、华北地区大部、西南地区中西部、青藏地区、西北地区大部年总辐射量超过 1400（kW·h）/m^2，其中西藏中部和西部、青海中北部年总辐射量超过 1750（kW·h）/m^2，为太阳能资源最丰富区；东北地区中东部、华东地区中南部、华中地区大部、华南地区、西北地区东南部年总辐射量为 1050～1400（kW·h）/m^2，为太阳能资源丰富区；湖北西南部、湖南西北部、四川东南部、重庆大部和贵州北部年总辐射量小于 1050（kW·h）/m^2，为太阳能资源一般区 [图 5.3（a）]。

与常年值相比，2024 年，东北地区中东部、华南地区东南部、西南地区西部、青藏地区东南部、西北地区东南部的部分地区总辐射量偏低 20～100（kW·h）/m^2，其中宁夏西部、青海东南部、新疆中南部的部分地区偏低 100（kW·h）/m^2 以上；华北地区东南部、华东大部、华中地区大部、华南西北部、西南地区东部、西北地区西部的部分地区偏高 20～100（kW·h）/m^2，其中华东地区西北部和华南地区西北部偏高 100（kW·h）/m^2 以上 [图 5.3（b）]。

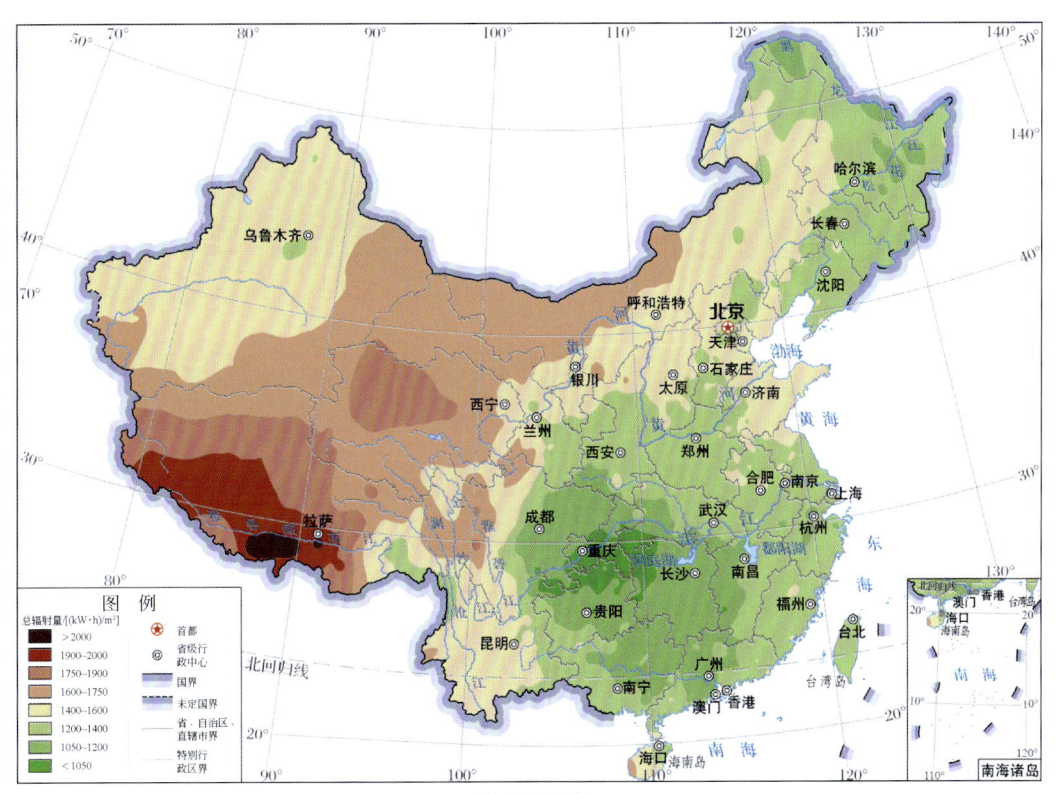

(a) 总辐射量

(b)总辐射量距平

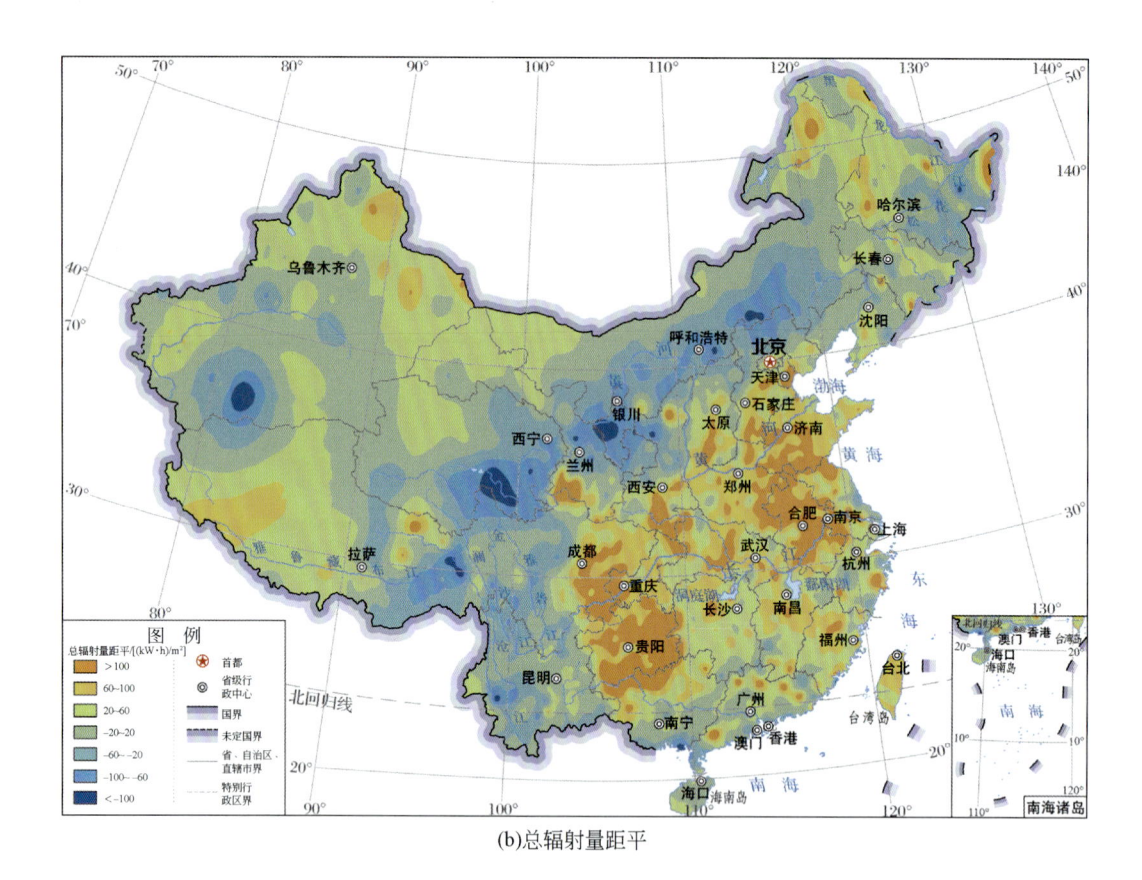

图 5.3　2024 年中国陆地表面太阳总辐射量及其距平百分率空间分布
Figure 5.3　Distribution of (a) the total solar radiation and (b) its anomaly percentage on land surface in China in 2024

5.2　火山活动

火山活动，特别是强烈的火山喷发，是驱动年际—百年尺度气候变化的自然外强迫因子。1950 年以来，全球火山爆发指数（Volcanic Explosivity Index，VEI）3 级及以上的重大火山爆发事件共发生 134 次，其中 VEI 达 5 级以上的超级火山爆发共出现过 8 次，超级火山主要分布于环太平洋火山地震带。

2024年，全球共有65座火山出现喷发活动（Global Volcanism Program，2024）。年内，全球活跃的火山包括冰岛雷克雅内斯半岛的桑德努克尔火山；菲律宾的坎拉翁火山和马荣火山；印度尼西亚的勒沃托比火山和赛梅鲁火山；俄罗斯的希韦卢奇火山；美国的基拉韦厄火山等。

桑德努克尔火山（Sundhnukur Volcano，63.87°N，22.39°W）位于冰岛西南部雷克雅内斯半岛，海拔134 m，距冰岛首都雷克雅未克42 km［图5.4（a）］。2023~2024年，桑德努克尔火山发生多次喷发，其中2024年11月20日至12月8日的火山喷发规模较大。风云三号F星（FY-3F）250m分辨率红外增强图像显示：2024年11月21日，高温熔岩从地面裂缝中喷涌而出，火山口及西侧出现两处高温熔岩喷发区域，远红外温度最高达到487 K［图5.4（b）］；11月24日，火山继续喷发，所产生的高温熔岩向东北方向延伸形成一条长约9 km的熔岩带，熔岩带温度呈东北高、西南低分布，覆盖面积达到12.6 km² ［图5.4（c）］；12月初，该火山持续喷发高温熔岩并释放出少量SO_2气体；截至12月8日，火山口附近未探测到热异常，该次火山爆发活动结束。

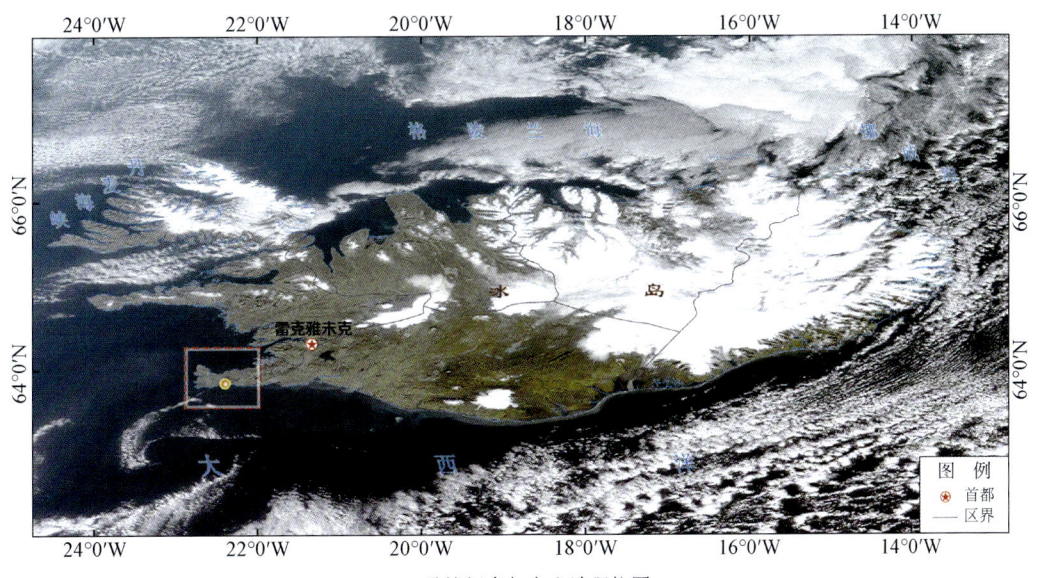

(a)桑德努克尔火山地理位置

(b)火山红外增强图像 (2024年11月21日12:55,北京时间)

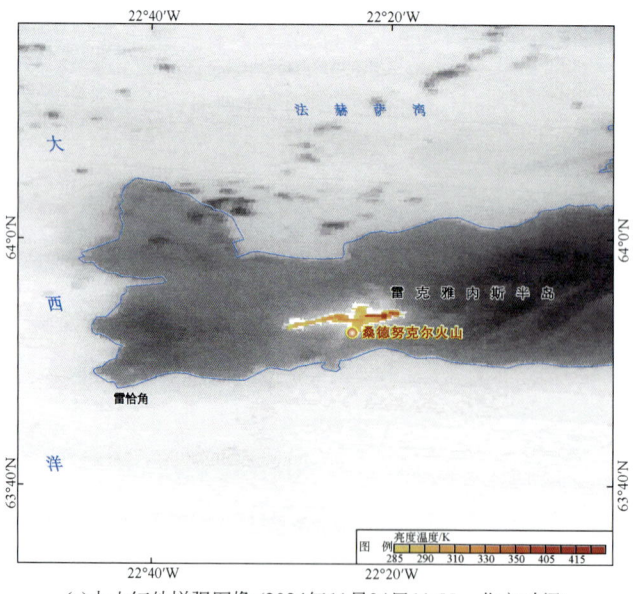

(c)火山红外增强图像 (2024年11月24日11:55,北京时间)

图 5.4　气象卫星（FY-3F/MERSI-Ⅲ）冰岛桑德努克尔火山位置和爆发红外增强图像
Figure 5.4　Geographical location and Infrared-enhanced images of Sundhnukur Volcano in Iceland monitored by meteorological satellite FY-3F/MERSI-Ⅲ
(a) Geographical location, (b) Infrared-enhanced image (12:55 BT 21, November, 2024), and (c) Infrared-enhanced image (11: 55 BT 24, November, 2024)

5.3 大气成分

5.3.1 温室气体

中国青海瓦里关全球大气本底站（36°17' N，100°54' E；海拔 3816 m）为世界气象组织/全球大气观测计划（WMO/GAW）的 32 个全球大气本底观测站之一，是中国最先开展温室气体监测的观测站，也是目前欧亚大陆腹地唯一的大陆型全球本底站（Zhou et al., 2005）。1990~2023 年，瓦里关全球大气本底站大气二氧化碳浓度逐年上升，月平均浓度变化特征与同处于北半球高海拔地区的美国夏威夷冒纳罗亚（Mauna Loa，19°32' N，155°35' E；海拔 3397 m）全球大气本底站（Keeling et al., 1976）基本一致（图 5.5），反映了北半球中纬度地区本底站大气二氧化碳浓度长期变化趋势。

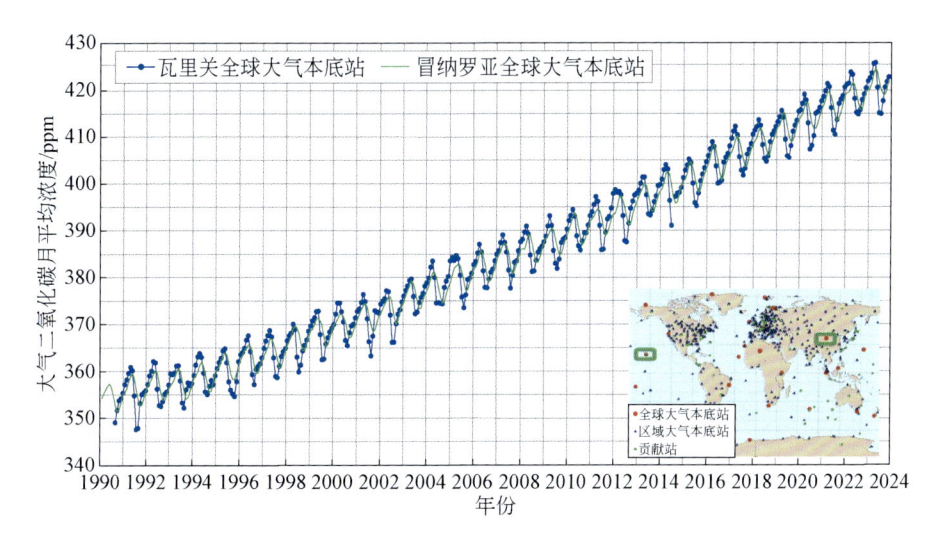

图 5.5　1990~2023 年中国青海瓦里关和美国夏威夷冒纳罗亚全球大气本底站大气二氧化碳月平均浓度变化

美国夏威夷冒纳罗亚全球大气本底站数据源自美国国家海洋与大气管理局，下同

Figure 5.5　Changes in monthly mean atmospheric CO_2 concentrations observed at Waliguan and Mauna Loa atmospheric background stations from 1990 to 2023

Hawaii Mauna Loa station data source: US National Oceanic and Atmospheric Administration, the same below

2023 年，瓦里关全球大气本底站大气二氧化碳年平均浓度为（421.4±0.1）ppm，与北半球平均值（421.3 ppm）和冒纳罗亚全球大气本底站[（421.0 ±0.1）ppm]同期结果较为接近，略高于全球平均值[（420.0±0.1）ppm]，明显高于南半球平均值（417.3 ppm）（图 5.6）。

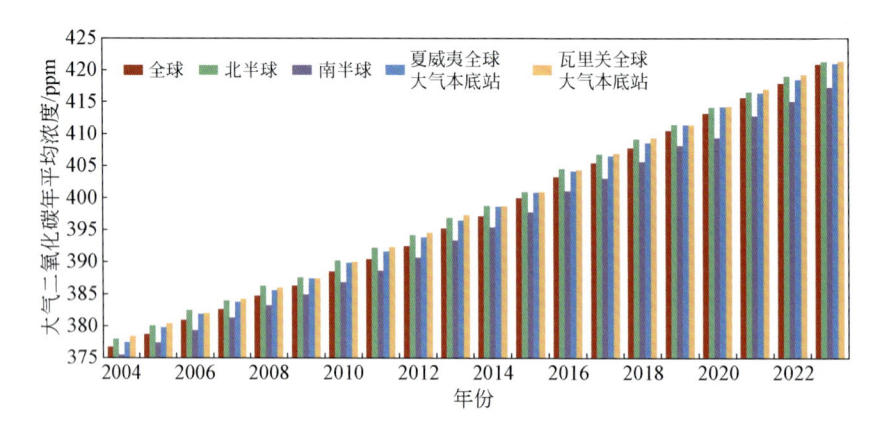

图 5.6 2004～2023 年大气二氧化碳年平均浓度变化

Figure 5.6 Changes in annual mean atmospheric CO_2 concentrations from 2004 to 2023

2023，中国 6 个区域大气本底站（北京上甸子、浙江临安、黑龙江龙凤山、湖北金沙、云南香格里拉和新疆阿克达拉）二氧化碳的年平均浓度依次为（432.0±0.3）ppm、（441.2±0.3）ppm、（428.2 ±0.6）ppm、（433.4±0.4）ppm、（423.0±0.2）ppm 和（424.7 ±1.0）ppm，它们反映了我国不同区域间大气二氧化碳浓度水平的差异（图 5.7）。

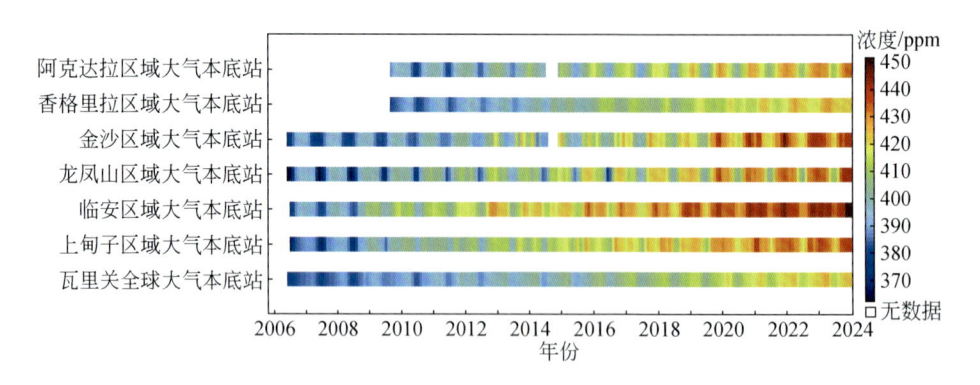

图 5.7 2006～2023 年中国气象局 7 个大气本底站近 15 年二氧化碳月平均浓度

Figure 5.7 Monthly mean CO_2 concentrations observed at seven CMA atmospheric background stations from 2006 to 2023

第 5 章 气候变化驱动因子

2023 年，瓦里关全球大气本底站大气甲烷年平均浓度为（1986±0.6）ppb，略高于北半球平均值（1968.8 ppb），高于冒纳罗亚全球大气本底站观测结果[（1938.8±1.0）ppb]、全球平均值[1934±2.0）ppb]和南半球平均值（1876.3 ppb）（图 5.8）。

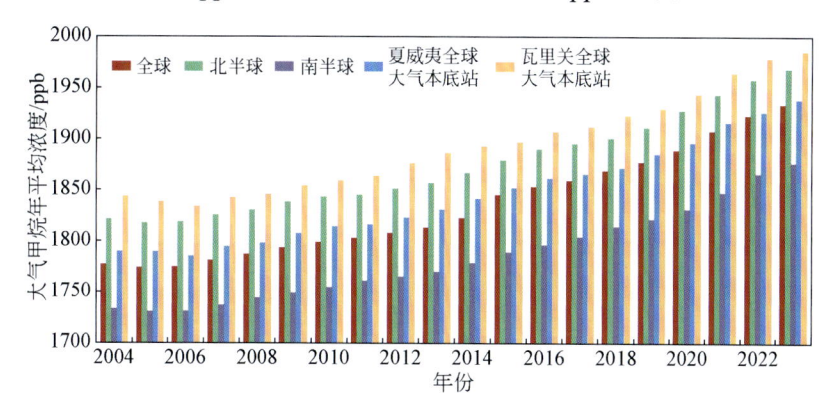

图 5.8 2004～2023 年大气甲烷年平均浓度变化

Figure 5.8 Changes in annual mean atmospheric methane concentrations from 2004 to 2023

2023 年，瓦里关全球大气本底站大气氧化亚氮年平均浓度为（337.3±0.1）ppb，与北半球平均值[（337.1±0.1）ppb]和冒纳罗亚全球大气本底站[（337.3±0.1）ppb]同期观测结果大体相当，略高于全球平均值[（336.9±0.1）ppb]（图 5.9）。

图 5.9 2004～2023 年大气氧化亚氮年平均浓度变化

Figure 5.9 Changes in annual mean atmospheric nitrous oxide concentrations from 2004 to 2023

2023 年，瓦里关全球大气本底站大气六氟化硫年平均浓度为（11.55±0.04）ppt[①]，低于北半球平均值[（11.63±0.04）ppt]和冒纳罗亚全球大气本底站[（11.67±0.04）ppt]同期观测结果，略高于全球平均值[（11.42±0.04）ppt]（图 5.10）。

---

① ppt，干空气中每万亿（10^{12}）个气体分子中所含的该种气体分子数。

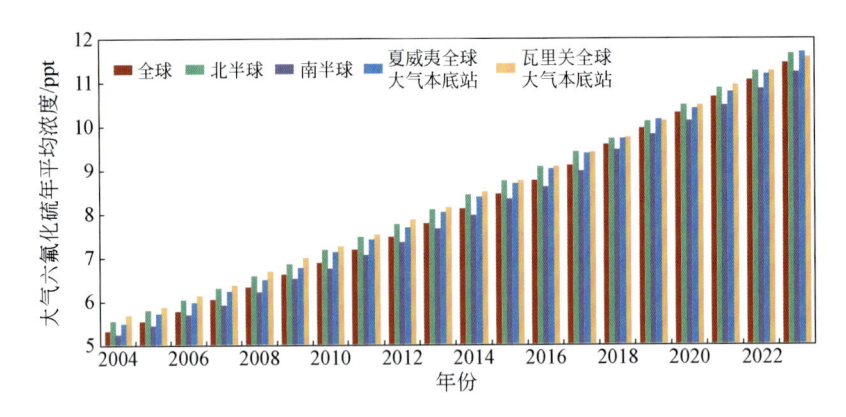

图 5.10　2004～2023 年大气六氟化硫年平均浓度变化

Figure 5.10　Changes in annual mean atmospheric sulfur hexafluoride concentrations from 2004 to 2023

1990～2023，瓦里关全球大气本底站大气二氧化碳碳稳定同位素比值（$\delta^{13}C$）呈逐年降低趋势（图 5.11），长期变化特征与美国冒纳罗亚全球大气本底站基本一致，均与大气二氧化碳浓度逐年升高的趋势相反。2023 年瓦里关站年均值为–8.73‰。煤、石油、天然气等化石燃料燃烧所释放二氧化碳 $\delta^{13}C$ 值明显低于当今大气，该趋势反映了人类活动对大气二氧化碳浓度不断升高的直接贡献。

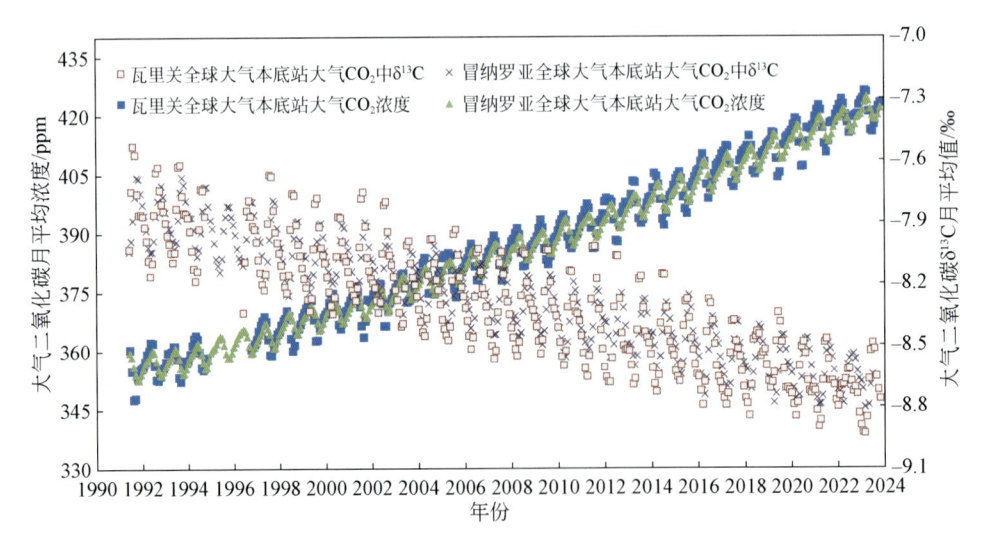

图 5.11　1990～2023 年中国青海瓦里关和美国夏威夷冒纳罗亚全球大气本底站大气二氧化碳浓度及其碳稳定同位素比值月平均值变化

Figure 5.11　Changes in monthly mean atmospheric CO_2 concentrations and carbon stable isotope ratios observed at Waliguan and Mauna Loa atmospheric background stations from 1990 to 2023

5.3.2 臭氧

（1）臭氧总量

20世纪70年代中后期全球臭氧总量开始逐渐降低，1992~1993年因菲律宾皮纳图博火山（Pinatubo Volcano）爆发而降至最低点。青海瓦里关全球大气本底站和黑龙江龙凤山区域大气本底站观测结果显示，1991年以来臭氧总量季节波动明显，虽年平均值无明显增减趋势，但近些年来臭氧总量在整体回升趋势下表现出起伏变化（图5.12）。

2024年，瓦里关全球大气本底站和黑龙江龙凤山区域大气本底站臭氧总量平均值分别为313±36陶普生单位（DU）[①]和（380±58）DU。与2023年相比，瓦里关全球大气本底站臭氧总量年平均值显著上升，为该站有观测记录以来的最高值；黑龙江龙凤山区域大气本底站臭氧总量年平均值较2023年［（355±47）DU］上升25 DU，为该站有观测记录以来的第二高值，略低于2010年。尤其2024年上半年臭氧总量较常年值异常偏高，与2023年冬季和2024年春季北极地区出现平流层爆发性增温事件密切相关（Lee et al.，2025；Qian et al.，2024）。在这种情况下，平流层富臭氧气团向中低纬度地区大量输送，造成两站臭氧总量高值。

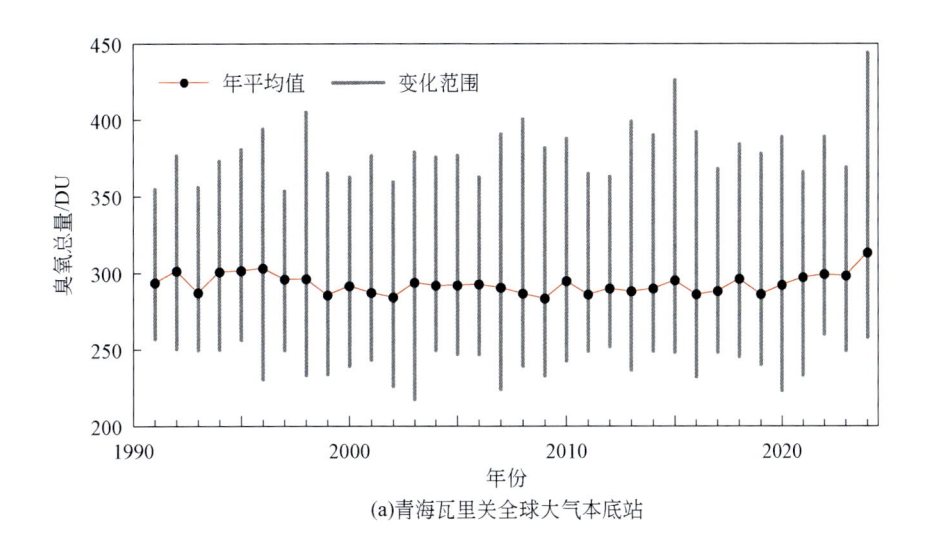

(a)青海瓦里关全球大气本底站

---

① 1DU=10^{-5} m/m²，表示标准状态下每平方米面积上有0.01 mm厚臭氧。

(b)黑龙江龙凤山区域大气本底站

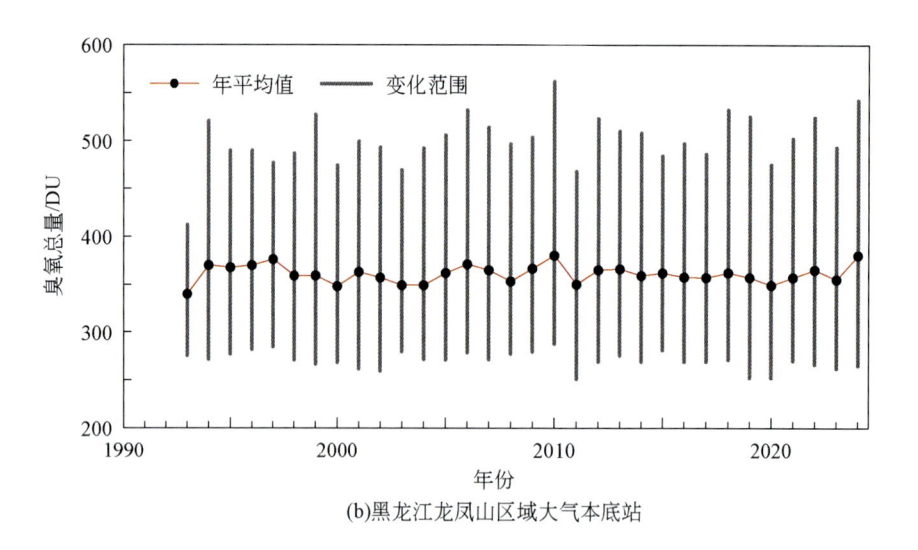

图 5.12　1991~2024 年青海瓦里关全球大气本底站和黑龙江龙凤山区域大气本底站观测到的臭氧总量变化

圆心实线为年平均值的变化，灰色竖线表示臭氧总量值的范围

Figure 5.12　Changes in annual total ozone observed at (a) Waliguan and (b) Longfengshan atmospheric background stations from 1991 to 2024

The red solid lines represent annual mean values, and the grey vertical lines the total ozone range

（2）地面臭氧

对流层臭氧占大气柱臭氧总量的十分之一，其对大气氧化性、植被与人类健康影响明显。青海瓦里关全球大气本底站长序列的地面臭氧连续观测显示，1999~2024 年，地面臭氧年平均浓度总体呈上升趋势；2024 年，地面臭氧平均浓度为（52.8±9.0）ppb（图 5.13）。2004~2024 年，北京上甸子区域大气本底站地面臭氧年平均浓度亦呈上升趋势；2024 年，地面臭氧平均浓度为（38.9±14.9）ppb。2006~2024 年，浙江临安区域大气本底站地面臭氧年平均浓度呈弱的上升趋势；2024 年，地面臭氧平均浓度为（34.4±8.5）ppb。青海瓦里关全球大气本底站地面臭氧年平均浓度水平高于其他本底站，主要受平流层高浓度臭氧向下输送以及南亚污染气团传输影响（Xu et al.，2018）。

第 5 章 气候变化驱动因子

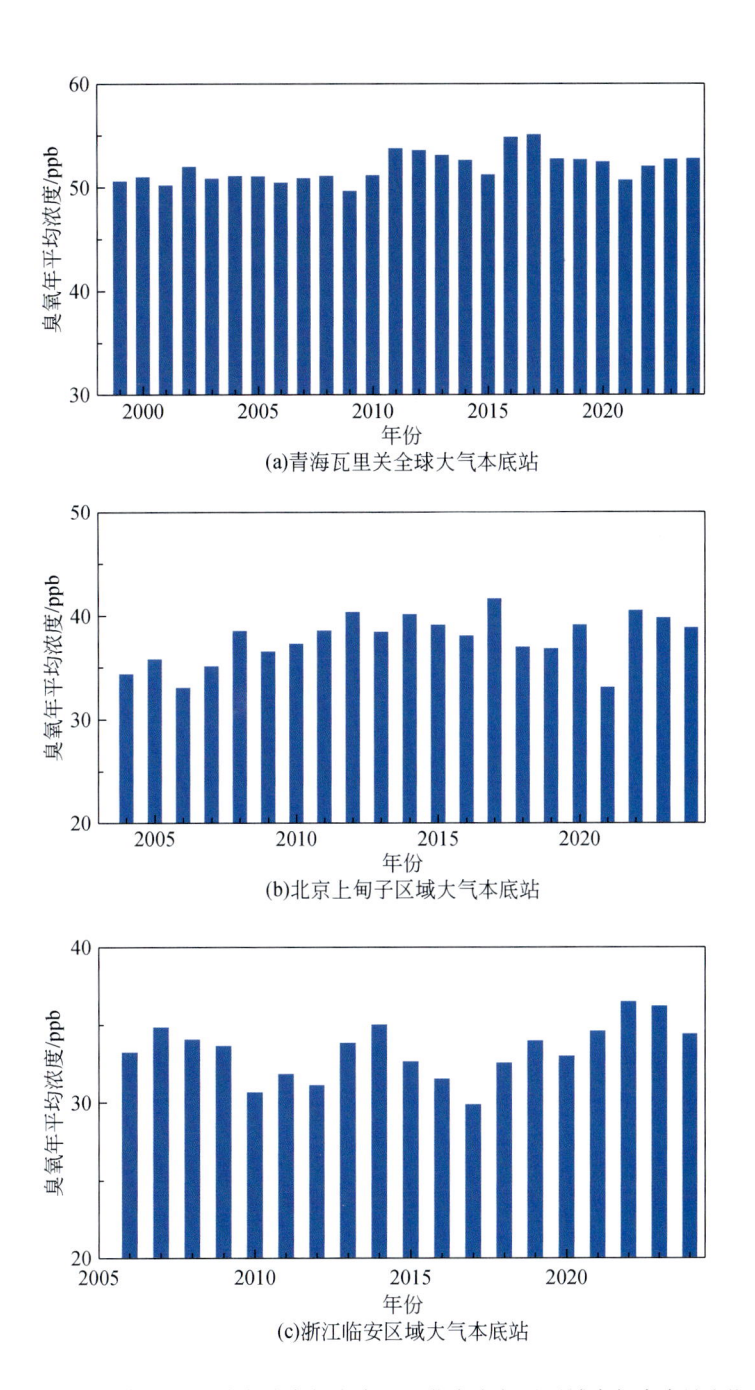

图 5.13　1999～2024 年青海瓦里关全球大气本底站、北京上甸子区域大气本底站和浙江临安区域大气本底站观测到地面臭氧年平均浓度变化

Figure 5.13　Changes in annual mean surface ozone concentrations observed at (a) Waliguan, (b) Shangdianzi, and (c) Lin'an atmospheric background stations from 1999 to 2024

5.3.3 气溶胶

（1）光学厚度

气溶胶通过散射和吸收辐射直接影响气候变化，也可通过在云形成过程中作为凝结核或改变云的光学性质和生存时间而间接影响气候。气溶胶光学厚度（Aerosol Optical Depth，AOD），是表征气溶胶对光的衰减作用的重要监测指标，光学厚度越大，代表大气中气溶胶含量越高（Che et al.，2015，2019）。

2004～2024 年，中国气溶胶光学厚度总体呈下降趋势，且阶段性变化特征明显。2004～2014 年，北京上甸子、浙江临安和黑龙江龙凤山区域大气本底站气溶胶光学厚度年平均值波动增加；2014～2024 年，均呈波动降低趋势（图 5.14）。2024 年，北京上甸子、浙江临安和黑龙江龙凤山区域大气本底站可见光波段（中心波长 440 nm）气溶胶光学厚度平均值分别为 0.29±0.20、0.36±0.24 和 0.28±0.21，较 2023 年均略有降低，其中上甸子和临安站均达到有观测记录以来的最低值。

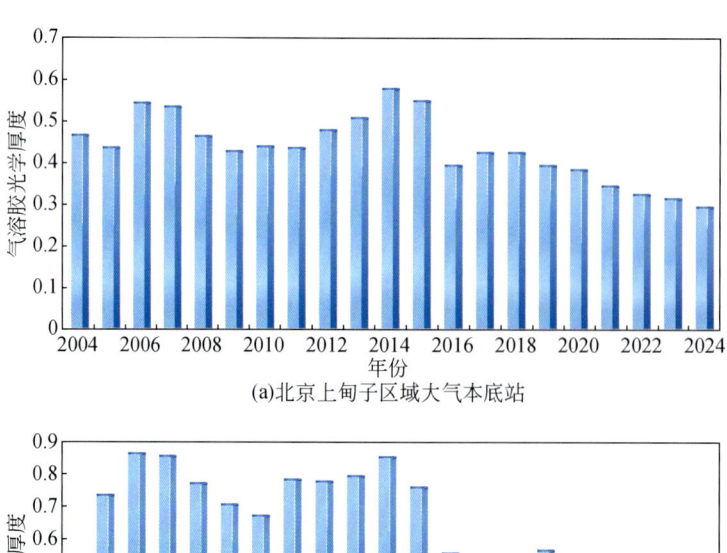

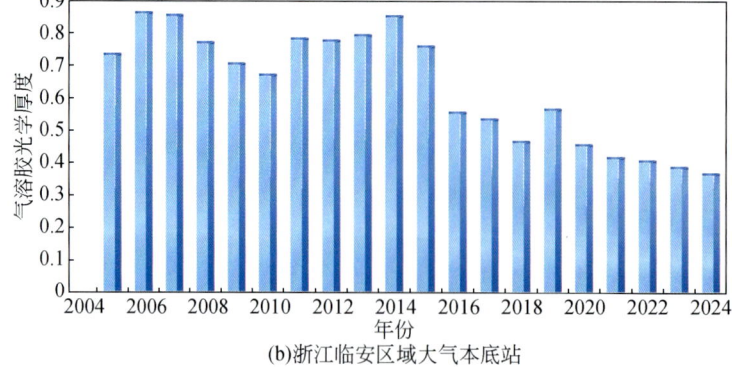

(a)北京上甸子区域大气本底站

(b)浙江临安区域大气本底站

(c)黑龙江龙凤山区域大气本底站

图 5.14　2004～2024 年北京上甸子、浙江临安和黑龙江龙凤山区域大气本底站
观测到的气溶胶光学厚度年平均值变化

Figure 5.14　Changes in annual mean aerosol optical depth (AOD) observed at (a) Shangdianzi,
(b) Lin'an, and (c) Longfengshan atmospheric background stations from 2004 to 2024

（2）PM$_{2.5}$ 浓度

大气本底站对大气细颗粒物 PM$_{2.5}$ 浓度长期监测表明，2006～2024 年，湖北金沙区域大气本底站 PM$_{2.5}$ 年平均质量浓度呈显著下降趋势，且阶段性变化特征明显［图 5.15（a）］；2006～2008 年下降明显，随后呈上升趋势并于 2013 年达到峰值［(45.2±27.1) μg/m^3］，2014 年以来整体呈下降趋势。2024 年，湖北金沙区域大气本底站 PM$_{2.5}$ 年平均质量浓度为 (23.1±10.0) μg/m^3，较 2023 年基本持平。

2006～2024 年，云南香格里拉区域大气本底站 PM$_{2.5}$ 年平均质量浓度亦呈下降趋势［图 5.15（b）］。2006～2010 年，PM$_{2.5}$ 年平均质量浓度在波动中下降；2011～2013 年逐年上升，于 2013 年达到 2006 年以来的最高值［(7.1±4.2) μg/m^3］，随后呈波动下降趋势。2024 年，云南香格里拉区域大气本底站 PM$_{2.5}$ 平均质量浓度为 (3.0±2.3) μg/m^3，较 2023 年下降 1.3 μg/m^3。

2006～2024 年，新疆阿克达拉区域大气本底站 PM$_{2.5}$ 年平均质量浓度总体呈增加趋势［图 5.15（c）］，2011 年平均质量浓度为 2006 年以来的最低值［(6.7±1.9) μg/m^3］，2022 年达到 (18.7±5.3) μg/m^3，为 2006 年以来的最高值。2024 年，新疆阿克达拉区域大气本底站 PM$_{2.5}$ 平均质量浓度为 (11.4±6.3) μg/m^3，较 2023 年下降 0.2 μg/m^3。

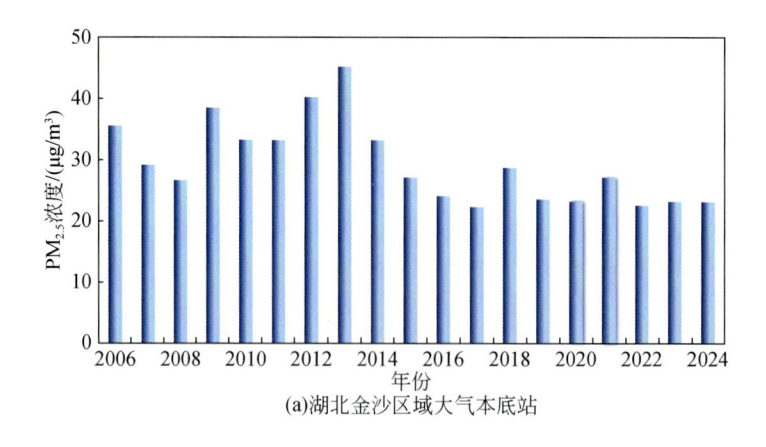

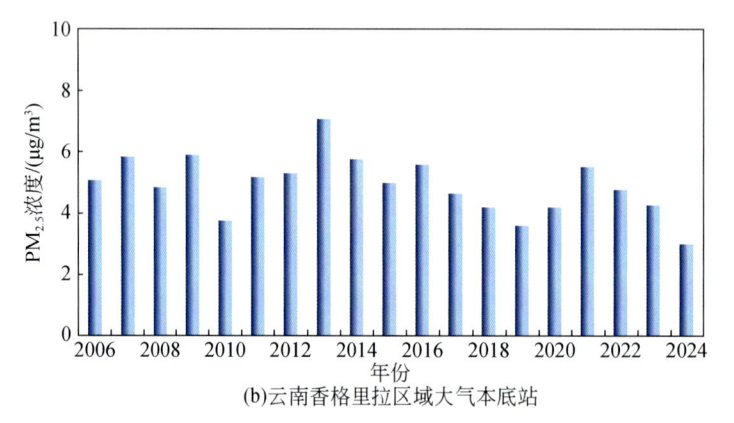

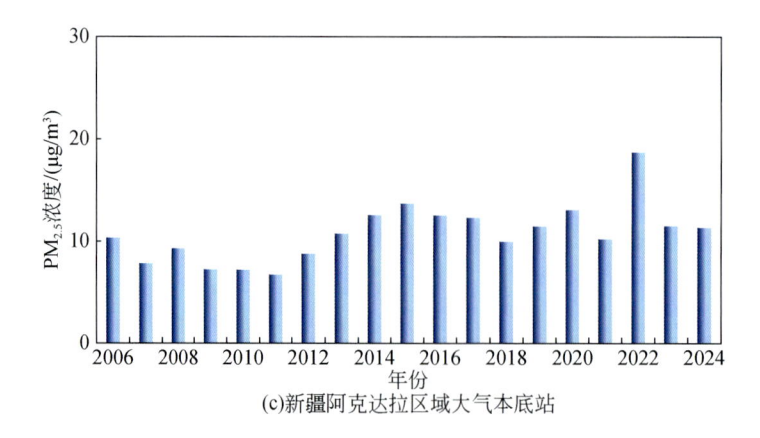

图 5.15　2006～2024 年湖北金沙、云南香格里拉和新疆阿克达拉区域大气本底站PM$_{2.5}$年均浓度变化

Figure 5.15　Changes in annual mean PM$_{2.5}$ concentrations observed at (a) Jinsha, (b) Shang-rila, and (c) Akedala atmospheric

数 据 来 源

本报告中所用地面和探空观测、卫星遥感数据主要源自中国气象局，其中气温、相对湿度、风速、日照时数和地表温度使用均一化数据集。

英国气象局哈德莱中心（全球表面温度、海表温度）：www.metoffice.gov.uk

美国国家海洋与大气管理局（全球表面温度、冒纳罗亚全球大气本底站温室气体浓度）：www.noaa.gov

美国国家航空航天局戈达德研究所（全球表面温度）：www.giss.nasa.gov

伯克利地球研究组织（全球表面温度）：berkeleyearth.org

中国香港天文台（香港气温、降水量、海平面）：www.weather.gov.hk

中国科学院大气物理研究所（全球海洋热含量、盐度）：www.ocean.iap.ac.cn

国家海洋信息中心（海平面）：www.nmdis.org.cn

青海省水利厅（青海湖水位）：slt.qinghai.gov.cn

世界冰川监测服务处（全球参照冰川物质平衡）：www.wgms.ch

中国科学院冰冻圈科学与冻土工程全国重点实验室（冰川、多年冻土）：www.sklcsfse.nieer.ac.cn

美国国家冰雪数据中心（南、北极海冰范围）：nsidc.org

中国物候观测网（植物物候）：www.cpon.ac.cn

中国科学院东北地理与农业生态研究所（红树林面积）：www.neigae.ac.cn

比利时皇家天文台（太阳黑子相对数）：www.astro.oma.be

世界气象组织全球大气监视网计划（全球温室气体浓度）：public.wmo.int/en

报告编写组和贡献单位

报告编写组

顾　问：秦大河　丁一汇
主　编：巢清尘
副主编：袁佳双　王朋岭

第1章　大气圈
领衔作者：柳艳菊　曹丽娟
主要作者：王　冀　王长科　王东阡　王遵娅　方冬青　艾婉秀　申彦波　冯爱青
　　　　　朱晓金　刘玉莲　杨国威　吴　蔚　何　健　郑永光　郭艳君　黄　磊
　　　　　蔡振荣　廖要明

第2章　水圈
领衔作者：成里京　许红梅
主要作者：王　慧　王　苗　方　锋　刘彩红　杨明珠　蔡振荣　邵佳丽　翟建青

第3章　冰冻圈
领衔作者：康世昌　吴通华
主要作者：马丽娟　王世金　王璞玉　闫宇平　杜　军　杜文涛　李忠勤　李慧林
　　　　　何晓波　周芳成　赵春雨　秦　翔

第4章　生物圈
领衔作者：张晔萍　黄　晖
主要作者：王艳姣　王焕炯　白　冰　江　雷　李　霄　李婷婷　汪卫平　陈燕丽
　　　　　段春锋　莫伟华　贾明明　程晋昕

第5章　气候变化驱动因子
领衔作者：车慧正　靳军莉
主要作者：申彦波　吕珊珊　朱　琳　刘立新　孙万启　郑　宇　郑向东　荆俊山
　　　　　娄梦筠　郭建广

主要贡献单位

国家气候中心、国家气象中心、国家卫星气象中心、国家气象信息中心、中国气象局气象探测中心、中国气象局公共气象服务中心、中国气象科学研究院，北京市气象局、辽宁省气象局、黑龙江省气象局、上海市气象局、安徽省气象局、湖北省气象局、广东省气象局、广西壮族自治区气象局、贵州省气象局、云南省气象局、西藏自治区气象局、甘肃省气象局、青海省气象局、香港天文台，中国科学院西北生态环境资源研究院、中国科学院大气物理研究所、中国科学院地理科学与资源研究所、中国科学院东北地理与农业生态研究所、中国科学院南海海洋研究所，自然资源部国家海洋信息中心等。

参 考 文 献

陈哲, 杨溯. 2014. 1979—2012 年中国探空温度资料中非均一性问题的检验与分析. 气象学报, 72(4): 794-804.

程国栋, 赵林, 李韧, 等. 2019. 青藏高原多年冻土特征、变化及影响. 科学通报, 64(27): 2783-2795.

丁一汇. 2013. 中国气候. 北京: 科学出版社.

杜文涛, 秦翔, 刘宇硕, 等. 2008. 1958—2005 年祁连山老虎沟 12 号冰川变化特征研究. 冰川冻土, 30(3): 373-379.

段春锋, 田红, 黄勇, 等. 2020. 淮河流域稻麦轮作农田生态系统 CO_2 通量多时间尺度变化特征. 气象科技进展, 10(5): 138-145.

葛全胜, 戴君虎, 郑景云. 2010. 物候学研究进展及中国现代物候学面临的挑战. 中国科学院院刊, 25(3): 310-316.

龚道溢, 何学兆. 2002. 西太平洋副热带高压的年代际变化及其气候影响. 地理学报, 57(2): 185-193.

黄晖, 陈竹, 黄林韬. 2021. 中国珊瑚礁状况报告(2010—2019). 北京: 海洋出版社.

金章东, 张飞, 王红丽, 等. 2013. 2005 年以来青海湖水位持续回升的原因分析. 地球环境学报, 4(5): 1355-1362.

李林, 申红艳, 刘彩红, 等. 2020. 青海湖水位波动对气候暖湿化情景的响应及其机理研究. 气候变化研究进展, 16(5): 600-608.

李忠勤, 等. 2019. 山地冰川物质平衡和动力过程模拟. 北京: 科学出版社.

廖宝文, 张乔民. 2014. 中国红树林的分布、面积和树种组成. 湿地科学, 12(4): 435-440.

林鹏. 1997. 中国红树林生态系. 北京: 科学出版社.

刘芸芸, 李维京, 左金清, 等. 2014. CMIP5 模式对西太平洋副热带高压的模拟和预估. 气象学报, 72(2): 277-290.

潘蔚娟, 吴晓绚, 何健, 等. 2021. 基于均一化资料的广州近百年气温变化特征研究. 气候变化研究进展, 17(4): 444-454.

秦大河, 丁永建. 2022. 中国气候与生态环境演变: 2021(综合卷). 北京: 科学出版社.

秦翔, 崔晓庆, 杜文涛, 等. 2014. 祁连山老虎沟冰芯记录的高山区大气降水变化. 地理学报, 69(5): 681-689.

参 考 文 献

全国气候与气候变化标准化技术委员会. 2017. 厄尔尼诺/拉尼娜事件判别方法: GB/T 33666—2017. 北京: 中国标准出版社.

施能, 朱乾根, 吴彬贵. 1996. 近40年东亚夏季风及我国夏季大尺度天气气候异常. 大气科学, 20(5): 575-583.

施雅风. 1988. 中国冰川概论. 北京: 科学出版社.

杨溯. 2025. 中国百年(1900~2022年)均一化降水量日值和月值数据集研制. 大气科学, 49(1): 13-22.

杨修群, 朱益民, 谢倩, 等. 2004. 太平洋年代际振荡的研究进展. 大气科学, 28(6): 979-992.

张廷军, 车涛. 2019. 北半球积雪及其变化. 北京: 科学出版社.

中华人民共和国自然资源部. 2025. 2024年中国自然资源公报. https: //gi.mnr.gov.cn/202503/t20250314_2881937.html [2025-03-30].

朱立平, 鞠建廷, 乔宝晋, 等. 2019. "亚洲水塔"的近期湖泊变化及气候响应: 进展、问题与展望. 科学通报, 64(27): 2796-2806.

朱艳峰. 2008. 一个适用于描述中国大陆冬季气温变化的东亚冬季风指数. 气象学报, 66(5): 781-788.

Abraham J P, Baringer M, Bindoff N L, et al. 2013. A review of global ocean temperature observations: Implications for ocean heat content estimates and climate change. Reviews of Geophysics, 51(3): 450-483.

Bjerknes J. 1964. Atlantic air-sea interaction. Advances in Geophysics, 10: 1-82.

Che H Z, Xia X G, Zhao H J, et al. 2019. Spatial distribution of aerosol microphysical and optical properties and direct radiative effect from the China Aerosol Remote Sensing Network. Atmospheric Chemistry and Physics, 19(18): 11843-11864.

Che H Z, Zhang X Y, Xia X G, et al. 2015. Ground-based aerosol climatology of China: Aerosol optical depths from the China Aerosol Remote Sensing Network(CARSNET)2002–2013. Atmospheric Chemistry and Physics, 15(13): 7619-7652.

Chen J, Du W T, Kang S C, et al. 2023. Comparison of energy and mass balance characteristics between two glaciers in adjacent basins in the Qilian Mountains. Climate Dynamics, 61(3): 1535-1550.

Chen J Z, Xue X Y, Du W T. 2024. Short communication: Extreme glacier mass loss triggered by high temperature and drought during hydrological year 2022/2023 in Qilian Mountains. Research in Cold and Arid Regions, 16(1): 1-4.

Chen Y L, Mo W H, Huang Y L, et al. 2021. Changes in vegetation and assessment of meteorological conditions in ecologically fragile karst areas. Journal of Meteorological Research, 35(1): 172-183.

Cheng L J, Abraham J, Hausfather Z, et al. 2019. How fast are the oceans warming? Science, 363(6423): 128-129.

Cheng L J, Trenberth K E, Fasullo J, et al. 2017. Improved estimates of ocean heat content from 1960 to 2015.

Science Advances, 3(3): e1601545.

Cheng L J, Trenberth K E, Gruber N, et al. 2020. Improved estimates of changes in upper ocean salinity and the hydrological cycle. Journal of Climate, 33(23): 10357-10381.

Cheng L J, Abraham J, Trenberth K E, et al. 2025. Record high temperatures in the ocean in 2024. Advances in Atmospheric Sciences, 42(6): 1092-1109.

Clette F, Lefèvre L. 2016. The new sunspot number: Assembling all corrections. Solar Physics, 291(9): 2629-2651.

Dai J H, Wang H J, Ge Q S. 2014. The spatial pattern of leaf phenology and its response to climate change in China. International Journal of Biometeorology, 58(4): 521-528.

Demarée G R, Rutishauser T. 2011. From "Periodical Observations" to "Anthochronology" and "Phenology" —the scientific debate between Adolphe Quetelet and Charles Morren on the origin of the word "Phenology". International Journal of Biometeorology, 55(6): 753-761.

Durack P J. 2015. Ocean salinity and the global water cycle. Oceanography, 28(1): 20-31.

Fox-Kemper B, Hewitt H T, Xiao C, et al. 2021.Ocean, cryosphere and sea level change//Masson-Delmotte V, Zhai P, Pirani A. Climate Change 2021: The Physical Science Basis .Contribution of Working Group I to the Sixth Assessment Report of the Intergovernmental Panel on Climate Change. Cambridge: Cambridge University Press: 1211-1362.

Ge Q S, Wang H J, Rutishauser T, et al. 2015. Phenological response to climate change in China: A meta-analysis. Global Change Biology, 21(1): 265-274.

Global Volcanism Program. 2024. [Database] Volcanoes of the World(v. 5.2.7;21 Feb 2025). Distributed by Smithsonian Institution, compiled by Venzke, E. https: //doi.org/10.5479/si.GVP.VOTW5-2024.5.2 [2025-04-05].

Guo Y J, Weng F Z, Wang G F, et al. 2020. The long-term trend of upper-air temperature in China derived from microwave sounding data and its comparison with radiosonde observations. Journal of Climate, 33(18): 7875-7895.

Held I M, Soden B J, 2006. Robust responses of the hydrological cycle to global warming. Journal of Climate, 19(21): 5686-5699.

IPCC. 2019. Summary for policymakers//Pörtner H O, Roberts D C, Masson-Delmotte V, et al.IPCC Special Report on the Ocean and Cryosphere in a Changing Climate. Cambridge: Cambridge University Press: 3-35.

IPCC. 2022. Climate change 2022: Impacts, adaptation and vulnerability//Pörtner H O, Roberts D C, Tignor M, et al. Contribution of Working Group II to the Sixth Assessment Report of the Intergovernmental Panel on Climate Change.Cambridge: Cambridge University Press: 3056.

Jia M M, Wang Z M, Mao D H, et. 2023. Mapping global distribution of mangrove forests at 10-m resolution, Science Bulletin, 2023, 68: 1306-1316.

Keeling C D, Bacastow R B, Bainbridge A E, et al. 1976. Atmospheric carbon dioxide variations at Mauna loa observatory, Hawaii. Tellus, 28(6): 538-551.

Lee S H, Butler A H, Manney G L. 2025. Two major sudden stratospheric warmings during winter 2023/2024. Weather, 80(2): 45-53.

Li G C, Cheng L J, Zhu J, et al. 2020. Increasing ocean stratification over the past half-century. Nature Climate Change, 10(12): 1116-1123.

Liu J D, Linderholm H, Chen D L, et al. 2015. Changes in the relationship between solar radiation and sunshine duration in large cities of China. Energy, 82: 589-600.

Liu Y S, Qin X, Chen J Z, et al. 2018. Variations of Laohugou Glacier No.12 in the western Qilian Mountains, China, from 1957 to 2015. Journal of Mountain Science, 15(1): 25-32.

Mantua N J, Hare S R, Zhang Y, et al. 1997. A Pacific interdecadal climate oscillation with impacts on salmon production. Bulletin of the American Meteorological Society, 78(6): 1069-1079.

Meredith M, Sommerkorn M, Cassotta S, et al. 2019. Polar regions.// Pörtner H O, Roberts D C, Masson-Delmotte V, et al. IPCC Special Report on the Ocean and Cryosphere in a Changing Climate. Cambridge: Cambridge University Press: 203-320.

Qian L, Rao J, Ren R C, et al.2024. Enhanced stratosphere-troposphere and tropics-Arctic couplings in the 2023/24 winter. Communications Earth & Environment, 5: 631.

Rayner N A, Parker D E, Horton E B, et al. 2003. Global analyses of sea surface temperature, sea ice, and night marine air temperature since the late nineteenth century. Journal of Geophysical Research: Atmospheres, 108(D14): 4407.

Reimer J D, Peixoto R S, Davies S W, et al. 2024. The fourth global coral bleaching event: Where do we go from here?. Coral Reefs, 43(4): 1121-1125.

Rhein M, Rintoul S R, Aoki S, et al. 2013. Observations: Ocean// Stocker T F, Qin D, Plattner G-K, et al.Climate Change 2013: The Physical Science Basis. Contribution of Working Group I to the Fifth Assessment Report of the Intergovernmental Panel on Climate Change. Cambridge: Cambridge University Press: 255-316.

Saji N H, Goswami B N, Vinayachandran P N, et al. 1999. A dipole mode in the tropical Indian Ocean. Nature, 401(6751): 360-363.

Schwartz M D. 2013. Introduction. // Schwartz M D. Phenology: An Integrative Environmental Science.

Dordrecht: Springer Netherlands: 1-5.

Shi Y, Xia Y F, Lu, B H, et al. 2014. Emission inventory and trends of NO_x for China, 2000–2020. Journal of Zhejiang University-SCIENCE A, 15(6): 454-464.

Skirving W, Marsh B, De La Cour, J, et al. 2020. CoralTemp and the coral reef watch coral bleaching heat stress product suite version 3.1. Remote Sensing, 12(23): 3856.

Tan H J, Cai R S, Wu R G. 2022. Summer marine heatwaves in the South China Sea: Trend, variability and possible causes. Advances in Climate Change Research, 13(3): 323-332.

Thompson D W J, Wallace J M. 1998. The Arctic Oscillation signature in the wintertime geopotential height and temperature fields. Geophysical Research Letters, 25(9): 1297-1300.

Wang S J, Che Y J, Pang H X, et al. 2020. Accelerated changes of glaciers in the Yulong Snow Mountain, Southeast Qinghai-Tibetan Plateau. Regional Environmental Change, 20(2): 38.

Wang Y J, Song L C, Ye D X, et al. 2018. Construction and application of a climate risk index for China. Journal of Meteorological Research, 32(6): 937-949.

Webster P J, Moore A M, Loschnigg J P, et al. 1999. Coupled ocean-atmosphere dynamics in the Indian Ocean during 1997-98. Nature, 401(6751): 356-360.

Webster P J, Yang S. 1992. Monsoon and ENSO: Selectively interactive systems. Quarterly Journal of the Royal Meteorological Society, 118(507): 877-926.

WGMS. 2025. Fluctuations of Glaciers Database. World Glacier Monitoring Service(WGMS), Zurich, Switzerland. https: //doi.org/10.5904/wgms-fog-2025-02[2025-03-30].

WMO. 2025. State of the Global Climate 2024(WMO-No. 1368). https: //library.wmo.int/viewer/ 69455/download?file=WMO-1368-2024_en.pdf&type=pdf&navigator=1 [2025-03-30].

Xu W Y, Xu X B, Lin M Y, et al. 2018. Long-term trends of surface ozone and its influencing factors at the Mt Waliguan GAW station, China-Part 2: The roles of anthropogenic emissions and climate variability. Atmospheric Chemistry and Physics, 18(2): 773-798.

Zemp M, Huss M, Thibert E, et al. 2019. Global glacier mass changes and their contributions to sea-level rise from 1961 to 2016. Nature, 568(7752): 382-386.

Zhang Y, Wallace J M, Battisti D S.1997. ENSO-like interdecadal variability: 1900–93. Journal of Climate, 10(5): 1004-1020.

Zhou L X, Conway T J, White J W C, et al. 2005. Long-term record of atmospheric CO_2 and stable isotopic ratios at Waliguan Observatory: Background features and possible drivers, 1991–2002. Global Biogeochemical Cycles, 19(3): GB3021.

术 语 表

冰川物质平衡：物质平衡是指单位时间内冰川上以固态降水形式为主的物质收入（积累）与以冰川消融为主的物质支出（消融）的代数和（收支差）。该值为负时，表明冰川物质发生亏损；反之则冰川物质发生盈余。

常年值：在本报告中，"常年值"是指 1991～2020 年气候基准期的常年平均值。凡是使用其他平均期的值，则用"平均值"一词。

地表水资源量：某特定区域在一定时段内由降水产生的地表径流总量，其主要动态组成为河川径流总量。

地表气温：指某一段时间内，陆地表面气象观测规定高度（1.5 m）上的空气温度值。

地表温度：指某一段时间内，陆地表面与空气交界处的温度（0 cm 地温）。

多年冻土退化：在一个时段内（数年以上）多年冻土持续处于下列任何一种或者多种状态：多年冻土温度升高、活动层厚度增加、面积缩小。

二氧化碳通量：单位时间内通过单位面积的二氧化碳的量（质量或者物质的量）。

海洋热含量：是指一定体积海水的热能的变化，其由水体温度、密度和比热容三者乘积的体积积分计算。

海水周热度：某一海域的海水平均温度减去长期夏季平均温度之后乘以维持当前水温的周数，通常当周热度超过 4 则有珊瑚白化风险，超过 8 则可能发生广泛的珊瑚白化甚至死亡事件。

活动层厚度：多年冻土区年最大融化深度，在北半球一般出现在 8 月底至 9 月中，厚度在数十厘米至数米之间。

活动积温：是指植物在整个年生长期中高于生物学最低温度之和，即大于某一临界温度值的日平均气温的总和。

积雪覆盖率：监测区域内的积雪面积与区域总面积的比值。

季节最大冻结深度：在季节冻土区，冷季地表土层温度低于冻结温度后，土壤中的水分冻结成冰，从地面到冻结线之间的垂直距离称为冻结深度。最大冻结深度是标准气象观测场内的冻结深度的最大值。

径流深：在某一时段内通过河流上指定断面的径流总量（m^3 计）除以该断面以上的流域面积（以 m^2 计）所得的值，其相当于该时段内平均分布于该面积上的水深（以 mm 计）。

冷夜日数：指给定时段内日最低气温小于相对阈值的日数；相对阈值为气候基准期（1991~2020 年）内日最低气温升序排列的第 10 个百分位值。

年累计暴雨站日数：指一定区域范围内，一年中各站点达到暴雨量级的降水日数的逐站累计值。

年平均降水日数：指一定空间范围内，各站点一年中降水量大于等于 0.1 mm 日数的平均值。

年总辐射量：指地表一年中所接受到的太阳直接辐射和散射辐射之和。

暖昼日数：指给定时段内日最高气温大于相对阈值的日数；相对阈值为气候基准期（1991~2020 年）内日最高气温升序排列的第 90 个百分位值。

平均年降水量：指一定区域范围内，一年降水量总和（mm）的面积加权平均值。

气溶胶光学厚度：定义为大气气溶胶消光系数在垂直方向上的积分。主要用来描述气溶胶对光的衰减作用，光学厚度越大，代表大气中气溶胶含量越高。

全球地表平均温度：是指与人类生活的生物圈关系密切的地球表面的平均温度。通常是基于按面积加权的海表温度（SST）和陆地表面 1.5 m 处的气温的全球平均值。

石漠化：是指在湿润、半湿润气候条件和岩溶极其发育的自然背景下，受人为活动干扰，使地表植被遭受破坏、土壤严重流失，基岩大面积裸露或砾石堆积的土地退化现象。

酸雨：pH 小于 5.60 的大气降水，大气降水的形式包括雨、雪、雹等。

酸雨频率：某段时间（年，或季，或月）内日降水 pH 小于 5.60 的出现频率（%）。

太阳黑子相对数：表示太阳黑子活动程度的一种指数。由于是瑞士苏黎世天文台的 J.R.沃尔夫在 1849 年提出的，因而又称沃尔夫黑子数。

物候：是指自然界的生物（主要指植物和动物）在不同季节受到气候影响出现的各种不同的生命现象，如植物的展叶、开花、结实和落叶，动物界候鸟的迁徙等。

盐度差指数：指高盐度海域的盐度变化和低盐度海域的盐度变化之差，"高"或"低"是相对于过去几十年的全球海洋平均盐度。

植被指数：利用遥感影像不同谱段数据进行线性或非线性组合以反映植物生长状况的量化信息，本公报使用归一化植被指数。

中国气候风险指数：基于历史气候资料和极端天气气候事件致灾阈值，计算雨涝、干旱、台风、高温和低温冰冻 5 种气象灾害风险，在此基础上，结合社会经济数据和多年各灾种造成的损失，对上述 5 种气象灾害风险进行综合定量化评价的指数。